U0294860

应用型本科风景园林专业规划教材

园林工程实训指导

主　编　张媛媛

副主编　薛　梅　葛现玲

主　审　易吉林

上海交通大学出版社

内容提要

本书按照"以项目为载体,以任务为驱动,以案例为链接,以应用为实践"的指导思想,从土方工程、园路工程、园林建筑小品工程、水景工程、假山工程、种植工程六个模块,编写园林工程施工流程实训内容,具有项目设置适应就业岗位的需求、注重新规范、注重理论与实际相结合的特点。

本书可作为应用型本科风景园林专业教材,也可作为从事园林工程设计施工技术人员的培训用书。

图书在版编目(CIP)数据

园林工程实训指导/张媛媛主编. —上海:上海交通大学出版
社,2017
ISBN 978 - 7 - 313 - 16589 - 3

Ⅰ.①园…　Ⅱ.①张…　Ⅲ.①园林-工程施工-高等学校-教材
Ⅳ.①TU986.3

中国版本图书馆 CIP 数据核字(2017)第 026175 号

园林工程实训指导

主　　编:张媛媛
出版发行:上海交通大学出版社　　　　　　　　　地　　址:上海市番禺路 951 号
邮政编码:200030　　　　　　　　　　　　　　　电　　话:021 - 64071208
出 版 人:郑益慧
印　　制:常熟市文化印刷有限公司　　　　　　　经　　销:全国新华书店
开　　本:787mm×1092mm　1/16　　　　　　　印　　张:6.25
字　　数:132 千字
版　　次:2017 年 7 月第 1 版　　　　　　　　　印　　次:2017 年 7 月第 1 次印刷
书　　号:ISBN 978 - 7 - 313 - 16589 - 3/TU
定　　价:32.00 元

园林工程是风景园林专业的一门专业核心课程,主要介绍园林工程施工图设计和工程施工技术,具有内容繁琐、涉及面广、实践性强的特点。园林工程实训主要培养学生具备园林工程项目施工的技能,具备园林工程施工图识别、设计与转化的能力。目前,园林工程实训教材较少,应用型本科院校在人才培养上着力于岗位应用,因此急需一本适应应用型本科培养目标的实训教材供风景园林专业学生使用。本教材按照"以项目为载体,以任务为驱动,以案例为链接,以应用为实践"的指导思想编写训练内容,基本框架为"项目训练任务要求、项目训练步骤、工程案例设计施工技术要领"。本教材具有以下特点:项目设置适应就业岗位的需求,园林企业要求工程施工员具备园林施工图设计和依据图纸指导工程施工的能力,本教材实训项目就是围绕施工图的识别、设计与运用而设置的,重点培养学生"能识图、会作图、懂施工"的能力;注重规范,强化园林工程中各类工程图纸的设计规范、方法;注重理论与实际相结合,教材力求以园林工程实战为指导思想,突出园林工程设计与施工一体化,图纸资料系统全面,紧贴现场。编者在编写过程中,融入了自己参与的实际工程案例,并进行解析,将工程施工图设计与施工的经验跟大家分享。

本书按园林工程施工流程分 6 个模块:土方工程→园路工程→园林建筑小品工程→水景工程→假山工程→种植工程。另外,还有园林水电工程,由于此工程一般聘请水电专业人士进行设计与施工,所以在本书中未涉及。本书由张媛媛(重庆文理学院)担任主编,薛梅(重庆文理学院)、葛现玲(重庆文理学院)担任副主编。其中模块一、模块二、模块四、模块五由张媛媛编写,模块三由葛现玲编写,模块六由薛梅编写。全书由张媛媛负责统稿,重庆市两江新区建设管理局易吉林高级工程师担任本书的主审工作。

本书可作为应用型本科风景园林专业教材,也可作为从事园林工程设计施工技术人员的培训用书。

本教材在编写过程中参考了国内外有关文献和资料,特别参考了由重庆市园林局、重庆市风景园林学会组织编写的《风景园林工程与技术》,在此向有关作者深表感谢。

由于时间仓促和编者水平有限,书中存在的不妥之处敬请广大同行批评指正并提出意见。

模块一　土方工程

| 实训一 | 地形施工总图的识别与设计 | 003 |
| 实训二 | 土方工程量计算 | 009 |

模块二　园路工程

| 实训三 | 园路铺装施工图的识别与设计 | 015 |
| 实训四 | 园路施工 | 019 |

模块三　园林建筑小品工程

实训五	花池施工图的识别与设计	027
实训六	花池施工	030
实训七	花架施工图的识别与设计	032
实训八	花架施工	035

模块四　水景工程

实训九	水池施工图的识别与设计	041
实训十	水池施工	044
实训十一	人工湖施工图的识别与设计	046
实训十二	人工湖施工	049

模块五　假山工程

| 实训十三 | 天然假山施工图的识别与设计 | 055 |

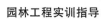
实训十四　天然假山施工　　　　　　　　　　　　　　　　　　058

实训十五　塑石假山施工图的识别与设计　　　　　　　　　　　067

实训十六　塑石假山施工　　　　　　　　　　　　　　　　　　070

模块六　种植工程

实训十七　种植施工图的识别与设计　　　　　　　　　　　　　077

实训十八　种植施工　　　　　　　　　　　　　　　　　　　　084

模块一
土方工程

实训一
地形施工总图的识别与设计

实训学时：6 学时
实训类型：设计型
实训要求：必修

 一、实训目的

（1）理解地形施工总图的内容与规范。

（2）掌握地形施工总图的设计技术要领。

 二、实训内容

（1）施工总平面定位图、总平面标高图、总平面索引图的识别与理解。

（2）根据园林工程项目方案图设计施工总平面图。

 三、实训器材

作图工具、硫酸纸、优秀施工范例图纸、CJJ/T67－2015《风景园林制图标准》。

四、实训步骤

（1）根据施工图范例分析地形施工总图的内容：总平面定位图（又称总平面放线图）、总平面标高图（又称竖向设计图）、总平面索引图。

（2）根据施工图范例（见图 1－1、图 1－2、图 1－4），讨论分析施工总平面定位图、总平面标高图、总平面索引图的设计要领（参见"五、设计技术要领分析"）。

（3）以学习小组为单位进行某园林工程项目方案图到施工图的设计转化，完成地形施

园林工程实训指导

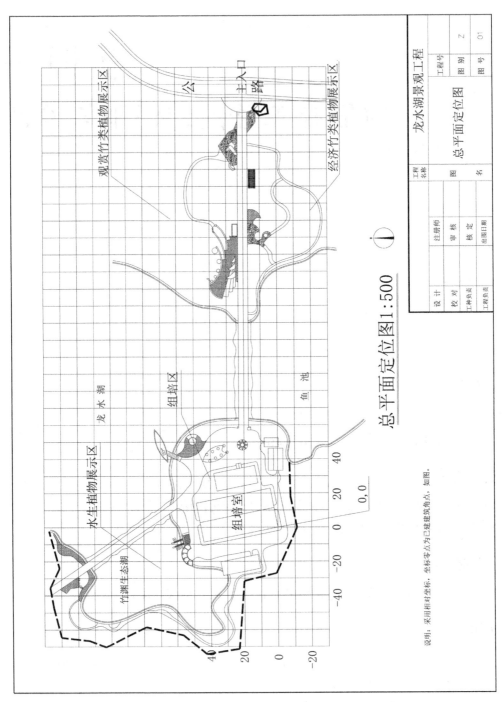

图1-1 总平面定位图

004

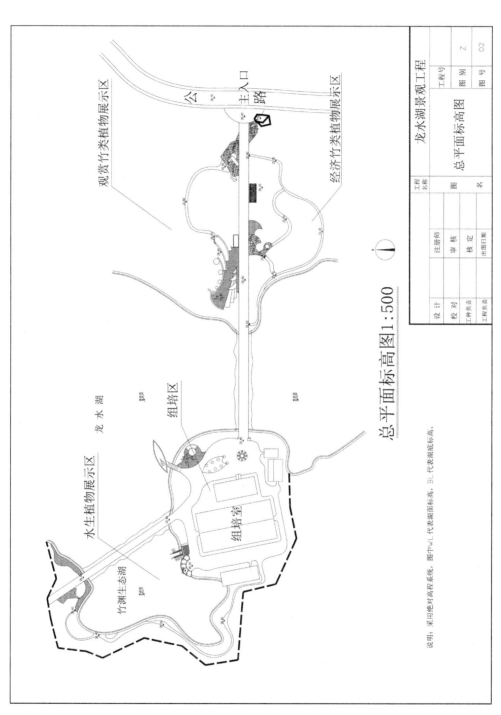

总平面标高图1:500

说明：采用绝对高程系统。图中wL代表湖面标高，BL代表湖底标高。

图1－2　总平面标高图

園林工程实训指导

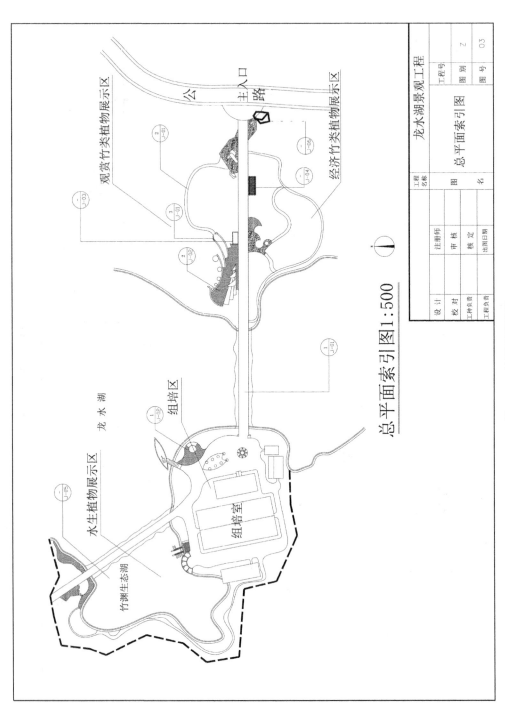

总平面索引图1:500

图1-3　总平面索引图

工总图设计分析报告。

（4）根据施工总图设计分析报告，完成某园林工程项目施工总图的绘制。

五、设计技术要领分析

1. 总平面定位图设计要领

（1）详细标注总平面图中（隐藏种植设计、地形设计）的园路、园桥、假山、园林景观的主要定位控制点及相应尺寸标注。

（2）控制点坐标分为测量坐标和施工坐标。测量坐标为绝对坐标。测量坐标网应画成十字交叉线，坐标代号用 X、Y 表示。施工坐标为相对坐标，相对零点通常选用已有建筑物的交叉点或道路的交叉点。为区别于绝对坐标，施工坐标常用大写英文字母 A、B 表示，也可省略。

（3）总图中尺寸标注一般采用方格网。施工坐标网格一般画成 100 m×100 m 或者 50 m×50 m 的方格网，对于面积较小的场地可以采用 5 m×5 m 或者 10 m×10 m 的方格网。

（4）施工总平面图一般采用 1∶500、1∶1 000、1∶2 000 的比例绘制。

（5）图名、比例、指北针、图纸相关信息应完整，具体参见 CJJ/T67－2015《风景园林制图标准》。

2. 总平面标高图（竖向设计图）设计要领

（1）详细标注总平面图中（隐藏种植设计）各主要高程点的标高：

① 园路及变坡点的标高；

② 园桥及变坡点的标高；

③ 假山最高点标高；

④ 园林建筑的室内外地坪标高；

⑤ 景观小品所在地面标高；

⑥ 湖底湖面标高；

⑦ 排水明渠的沟底面起止点及转折点的标高。

（2）标明广场铺装、明渠的最高点标高，排水坡向及坡度大小。用单箭头表示排水方向。

（3）若设计有微地形等高线，同一张图纸上的相邻等高线的高差应相同。一般在园林竖向设计图中等高线高差（等高距）一般取 0.1～0.5 之间，土丘最高处用高程标注法表示，设计等高线用虚线，等高线与山体岩石实线重叠处可省略等高线。

（4）标高符号应以等腰直角三角形表示，标高符号的尖端应指至被注高度的位置，以 m 为单位，注写到小数点后至少两位，并在设计说明中写明是相对高程系统还是绝对高程系统。

（5）施工总平面图一般采用 1∶500、1∶1 000、1∶2 000 的比例绘制。

（6）图名、比例、指北针、图纸相关信息应完整，具体参见 CJJ/T67－2015《风景园林制图标准》。

3. 总平面索引图设计要领

(1) 在总平面图中(隐藏种植设计、地形设计)根据图纸内容的需要将园路、园桥、假山、园林景观等进行索引编号。

(2) 索引符号,如图 1-4 所示。

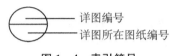

图 1-4 索引符号

(3) 施工总平面图一般采用 1∶500、1∶1 000、1∶2 000 的比例绘制。

(4) 图名、比例、指北针、图纸相关信息应完整,具体参见 CJJ/T67-2015《风景园林制图标准》。

六、实训作业

(1) 以学习小组为单位进行某园林工程项目方案图到施工图的设计转化,按照设计要领,完成施工总图(总平面定位图、总平面标高图、总平面图索引图)设计分析报告一份。

园林工程施工总图设计分析报告提纲:

① 施工总平面定位图:控制点位置详解、尺寸标注详解。

② 施工总平面标高图:园路、园桥、假山、园林景观的高程详解;广场铺装或明渠的最高点标高、排水坡向及坡度大小详解;若有设计等高线、设计等高线详解。

③ 施工总平面索引图:分析需作施工详图的园路、园桥、假山、园林景观。

(2) 根据施工图设计分析报告、CJJ/T67-2015《风景园林制图标准》,完成某园林工程项目施工总图(总平面定位图、总平面标高图、总平面图索引图)的绘制。

实训二
土方工程量计算

实训学时：3 学时
实训类型：综合型
实训要求：必修

一、实训目的

掌握用方格网法计算土方工程量的步骤与方法。

二、实训内容

土方工程量的计算、平衡及调配。

三、实训器材

地形设计图纸、硫酸纸等。

四、实训步骤

（1）在附有等高线的施工现场地形图上作方格网，控制施工场地。

（2）地形图上用插入法求出个各角点的标高，并记录在图上。

（3）依设计意图，如地面的形状、坡向、坡度值等，确定各角点的设计标高。

（4）比较原地形标高和设计标高，求得施工标高。

（5）求零点线。

（6）土方计算。

（7）土方调配。

五、技术要领分析

（1）方格网边长数值取决于所求的计算精度和地形变化复杂程度，园林工程中一般采用 $20\sim40$ m。

（2）用插入法求相邻两等高线之间任意点高程的公式：

$$H_x = H_a \pm XH/L \qquad\qquad (2-1)$$

式中：H_x——任意点标高；

H_a——位于低边等高线的高程；

X——该点距低边等高线的距离；

H——等高距；

L——过该点的相邻等高线间的最小距离。

用插入法求某点原地面高程，通常会遇到三种情况：

① 待求点标高 H_x 在两等高线之间。

$$H_x = H_a + XH/L \qquad\qquad (2-2)$$

② 待求点标高在低边等高线的下方。

$$H_x = H_a - XH/L \qquad\qquad (2-3)$$

③ 待求点标高在高边等高线的上方，计算公式同式 2 - 2。

（3）求设计标高的公式：

$$H_0 = \frac{1}{4N}\left(\sum h_1 + 2\sum h_2 + 3\sum h_3 + 4\sum h_4\right)$$

式中：H_0——平整标高；

N——方格网个数；

h_1——计算时使用一次的角点高程；

h_2——计算时使用两次的角点高程；

h_3——计算时使用三次的角点高程；

h_4——计算时使用四次的角点高程。

（4）求施工标高的公式：

$$施工标高 = 原地形标高 - 设计标高$$

（5）求零点的公式：

$$x = \frac{h_1}{h_1 + h_2} \times a$$

式中：x——到点 1 的距离；

h_1——点 1 的施工标高；

h_2——点 2 的施工标高；

a——方格网边长。

（6）土方计算应按方格网依序进行。

（7）土方调配应遵循"就近合理平衡"的原则，根据规划建设程序，分工程或地段，充分利用周围有利的取土和弃土条件进行平衡。

六、实训作业

某地形如图 2-1 所示，拟将该地形平整成为具有 1‰横坡和 6‰纵坡的平地，土方就地平衡，试求土方量。已作 20 m×20 m 的方格网，图纸比例为 1∶1 000。

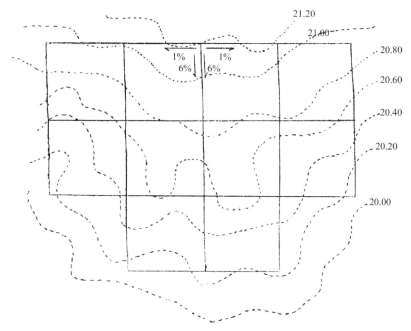

图 2-1　某地形原地形等高线图(1∶1 000)

模块二
园路工程

实训三
园路铺装施工图的识别与设计

实训学时：9 学时
实训类型：设计型
实训要求：必修

 一、实训目的

（1）理解园路铺装施工图的内容与规范。

（2）掌握园路铺装施工图的设计技术要领。

 二、实训内容

（1）园路铺装施工图的识别与理解。

（2）根据园林工程项目方案图设计园路铺装施工图。

 三、实训器材

作图工具、硫酸纸、优秀施工范例图纸、CJJ/T67-2015《风景园林制图标准》。

四、实训步骤

（1）根据施工图范例分析园路铺装施工图的内容：园路施工图（主、次、游步道平面铺装详图，结构剖面详图）、广场铺地施工图（平面定位尺寸图、平面铺装详图、结构剖面详图）。

（2）根据施工图范例（见图 3-1、图 3-2），讨论分析园路施工图（主、次、游步道平面铺装详图，结构剖面详图）、广场铺地施工图（平面定位尺寸图、平面铺装详图、结构剖面详

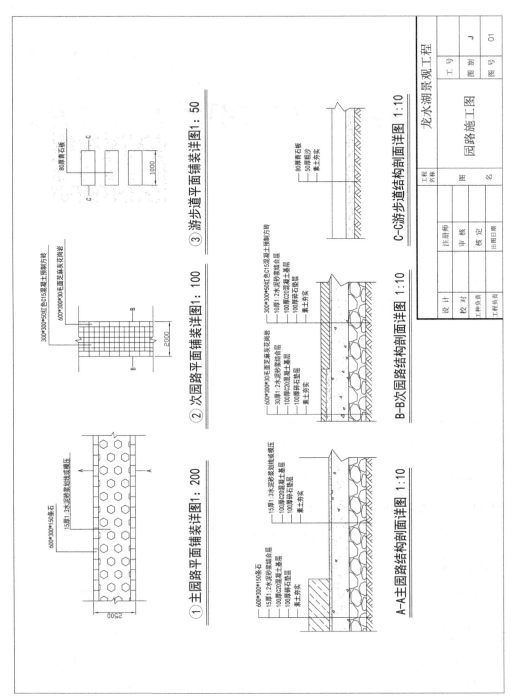

① 主园路平面铺装详图1：200

② 次园路平面铺装详图1：100

③ 游步道平面铺装详图1：50

A-A主园路结构剖面详图 1:10

B-B次园路结构剖面详图 1:10

C-C游步道结构剖面详图 1:10

图 3－1　园路施工图

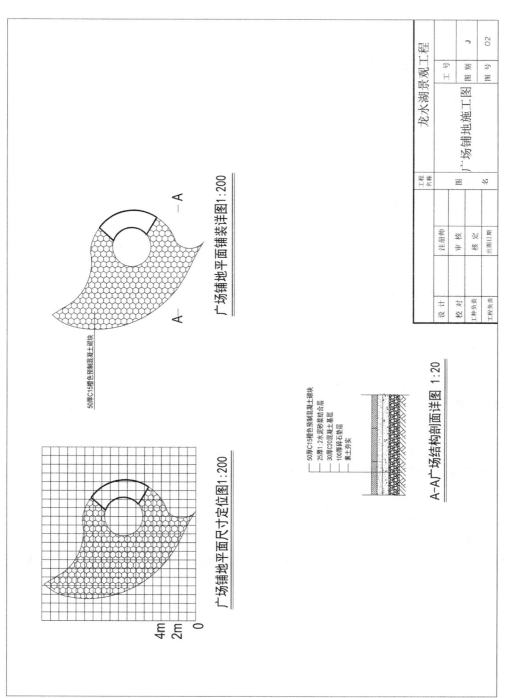

图 3－2　广场铺地施工图

图)的设计要领(参见"五、设计技术要领分析")。

(3) 以学习小组为单位进行某园林工程项目方案图到施工图的设计转化,完成园路铺装施工图设计分析报告。

(4) 根据施工图设计分析报告,完成某园林工程项目园路铺装施工图的绘制。

五、设计技术要领分析

1. 园路施工图设计要领

(1) 主、次、游步道平面铺装详图包括:铺装纹路放大细部、园路尺寸、材料标注、详图符号、图名比例、剖切符号及代号、剖断符号。

(2) 主、次、游步道剖面结构详图包括:剖面结构图例、各层次的材料标注、剖切代号、图名比例、剖断符号。

2. 广场铺地施工图设计要领

(1) 平面定位尺寸图包括:广场轮廓、尺寸标注、图名比例。

(2) 平面铺装详图包括:铺装纹路放大细部、材料标注、图名比例、剖切符号及代号、详图符号。

(3) 结构剖面详图包括:剖面结构图例、各层次的材料标注、剖断符号、图名比例。

以上具体规范参见 CJJ/T67 - 2015《风景园林制图标准》。

六、实训作业

(1) 以学习小组为单位进行某园林工程项目方案图到施工图的设计转化,按照设计要领完成园路施工图(主、次、游步道平面铺装详图,结构剖面详图)、广场铺地施工图(平面定位尺寸图、平面铺装详图、结构剖面详图)设计分析报告一份;

园林工程园路施工图、广场铺地施工图设计分析报告提纲:

① 园路施工图主、次、游步道尺寸详解;主、次、游步道剖面结构详解;主、次、游步道材质详解。

② 广场铺地施工图:尺寸详解、剖面结构详解、材质详解。

(2) 根据施工图设计分析报告、CJJ/T67 - 2015《风景园林制图标准》,完成某园林工程项目园路施工图(主、次、游步道平面铺装详图,结构剖面详图)、广场铺地施工图(平面定位尺寸图、平面铺装详图、结构剖面详图)的绘制。

实训四
园路施工

实训学时：6 学时
实训类型：应用型
实训要求：必修

 一、实训目的

（1）理解园路施工的工序。

（2）掌握园路施工的技术要领。

 二、实训内容

（1）分析园路施工的工序。

（2）进行某园路的施工。

 三、实训器材

施工图纸、测量放线仪器、园路施工工具。

四、实训步骤

（1）第一步：分析园路施工的工序：施工放线→基槽开挖→铺筑基层→结合层施工→铺筑面层→路缘石安装。

（2）第二步：模拟工序按照技术要领（参见"五、技术要领分析"）进行某园路的施工，并完成园路施工方案。

五. 技术要领分析

(一) 施工放线

按路面设计的中线,在地面上每 20～50 m 放一中心桩,在弯道的曲线上应在曲头、曲身和曲尾各放一中心桩,并在各中心桩上写明桩号,再以中心桩为准,根据路面宽度定边桩,最后放出路面的平曲线。

(二) 基槽开挖

在修建各种路面之前,应在要修建的路面下先修筑铺路面用的浅槽(路槽),经碾压后使用,使路面更加稳定、坚实。一般路槽有挖槽式、培槽式和半挖半培式三种,修筑时可由机械或人工进行。通常按设计路面的宽度,每侧放出 20 cm 路槽,其深度应等于路面的厚度,槽底应有 2%～3% 的横坡度。路槽做好后,在槽底上洒水,使其潮湿,然后用蛙式跳夯夯 2～3 遍。

(三) 铺筑基层

基层是园路的主要承重层,其施工的质量直接影响道路强度及使用。基层的做法常用的有干结碎石基层、天然级配沙砾基层和石灰石基层。

1. 干结碎石基层

碎石粒径多为 30～80 mm,摊铺厚度一般为 8～16cm。常用平地机或人工摊铺,碎石间结构空隙要用粗砂、石灰土等材料填充。用 10～20 t 压路机碾压,直至无明显轮迹为止。平整度允许误差 ±1 cm,厚度允许误差 ±10%。

2. 天然级配沙砾基层

沙砾应颗粒坚韧,大于 20 mm 的粗骨料含量占 40% 以上,层厚多为 10～20 cm。施工时用平地机或人工摊铺。注意粗细骨料要分布均匀。碾压前要洒水至全部石料湿润,碾压方法和要求同干结碎石。此法适用于园林中各级路面,如草坪停车场等。

3. 石灰石基层

其施工方法有路拌法、厂拌法和人工拌和法三种。

(1) 路拌法:机械或人工铺土后再铺灰。拌和机沿路边缘线纵向行驶拌和(呈螺旋形线路)至中心。每次拌和的纵向接茬应重叠不小于 20 cm,并随时检查边部及拌和深度是否达到要求。干拌一遍后洒水渗透 2～3 h 再进行湿拌 2～3 遍。机械不易拌到的地方要进行人工补拌。

(2) 厂拌法:采用专门的拌和机械设备在工厂或移动拌和站进行集中拌和混合料,再将拌和好的混合料运至工地摊铺。该法可加快施工进度,提高工程质量。

(3) 人工拌和法:备料时以人工运输和拌和为主,有时辅以运输车运输,拌和方式有筛拌法和翻拌法。筛拌法是将土和石灰混合或交替过孔径 15 mm 的筛,过筛后适当加水拌和到均匀为止。翻拌法是将土和石灰先干拌 1～2 遍,然后加水拌和,要求拌和 2～3 遍,直到均匀为止。为使混合料的水分充分、均匀,可在当天拌和后堆放闷料,第二天再摊铺。

石灰石基层的厚度为 15 cm(即一步灰土),厚度为 21～24 cm。交通量大的路段或严寒冻胀地区基层厚度可适当增加,并要注意分层压实。石灰石混合料用平地机整平和整形,并刮出路拱,然后再进行压料作业。用 12 t 以上三轮压路机或振动压路机在路基全宽内进行碾压(小型园路用蛙式夯)。碾压时应遵守先轻后重、先慢后快、先边后中、先低后高的压实规则。一般需碾压 6～7 遍,密实度达到无明显轮迹为止。碾压中如碰到松散、起皮等现象,要及时翻开重新拌和。

(四) 结合层施工

一般用 M7.5 水泥、白泥、砂混合砂浆或 1:3 白灰砂浆。砂浆摊铺宽度应大于铺装面约 5～10 cm。已拌好的砂浆应当日用完。也可用 3～5 cm 的粗砂均匀摊铺而成。特殊的石材铺地,如整齐石块和条石块,结合层采用 M10 水泥砂浆。

(五) 铺筑面层

在完成的路面基层上,重新定点、放线,每 10 m 为一施工段落,根据设计标高、路面宽度定放边桩、中桩,打好边线、中线。设置整体现浇路面边线处的施工挡板,确定砌块路面的砌块列数及拼装方式,面层材料运入现场。

以下为几种常见面层的施工:

1. 水泥混凝土面层施工

(1) 核实、检验和确认路面中心线、边线及各设计标高点正确无误。

(2) 若是钢筋混凝土面层,则按设计选定钢筋并编扎成网。钢筋网接近顶面的设置要比在底部加筋更能防止表面开裂,也更便于充分捣实混凝土。

(3) 按设计的材料比例,配制、浇筑、捣实混凝土,并用长 1 m 以上的直尺将顶面刮平。顶面稍干一点,再用抹灰砂板抹平至设计标高。施工中要注意做出路面的横坡和纵坡。

(4) 混凝土面层施工完成后,应及时开始养护。养护期应为 7 天以上,冬季施工后的养护期还应更长些。

(5) 水泥路面装饰方法有很多种,要按照设计的路面铺装方式来选用合适的施工方法。

① 普通抹灰与纹样处理。用普通灰色水泥配制成 1:2 或 1:2.5 水泥砂浆,在混凝土面层浇筑后尚未硬化时进行抹面处理,抹面厚度为 1～1.5 cm。当抹面层初步收水,表面稍干时,再用下面的方法进行路面纹样处理。

(a) 滚动:用钢丝网做成滚筒,或者用模纹橡胶裹在 30 m 直径铁管外做成滚筒,在经过抹面处理的混凝土面板上滚压出各种细密的纹理。滚筒长度在 1 m 以上较好。

(b) 压纹:利用一块边缘有许多整齐凸点和凹槽的木板或木条,在混凝土抹面层上挨着压下,一面压一面移动,就可以将路面压出纹样,起到装饰作用。用这种方法要求抹面层的水泥砂浆含砂量较高,水泥与砂的配合比可为 1:3。

(c) 锯纹:在新浇的混凝土表面,用一根木条如同锯割一般,一面锯一面前移,便能够在路面锯出平行的直纹,既有利于路面防滑,又有一定的路面装饰作用。

(d) 刷纹:最好使用弹性钢丝做成刷纹工具。刷子宽 45 cm,刷毛钢丝长 10 cm 左右,木把长 1.2～1.5 m。用这种钢丝刷在未硬的混凝土面层上可以刷出直纹、波浪纹或其他形状的纹理。

② 彩色水泥抹面装饰。水泥路面的抹面层所用水泥砂浆,可通过添加颜料而调制成

彩色水泥砂浆做出彩色水泥路面。彩色水泥配制如表 4-1 所示。

表 4-1 彩色水泥的配制

调制水泥色	水泥及其用量/g	原料及其用量/g
红色、紫砂色水泥	普通水泥 500	铁红 20～40
咖啡色水泥	普通水泥 500	铁红 15、铬黄 20
橙黄色水泥	白色水泥 500	铁红 25、铬黄 10
黄色水泥	白色水泥 500	铁红 10、铬黄 25
苹果绿色水泥	白色水泥 500	铬绿 150、钴蓝 50
青色水泥	普通水泥 500	铬绿 0.25
青色水泥	白色水泥 1 000	钴蓝 0.1
灰黑色水泥	普通水泥 500	炭黑适量

③ 彩色水磨石饰面。彩色水磨石地面是用彩色水泥石子浆罩面,再经过磨光处理而形成的装饰性路面。

④ 露骨料饰面。混凝土露骨料主要是采用刷洗的方法,在混凝土浇好后 2～6 h 内就应进行处理,最迟不得超过 16～18 h。

2. 片块状材料的地面铺筑

片块状材料做路面面层,在面层与道路基层之间所用的结合层做法有两种:一种是用湿性的水泥砂浆、石灰砂浆或混合砂浆作为材料;另一种是用干性的细砂、石灰粉、灰土(石灰和细土)、水泥粉砂等作为结合材料或垫层材料。

(1) 湿法铺筑。用厚度为 1.5～2.5 cm 的湿性结合材料,如用 1∶2.5 或 1∶3 水泥砂浆、1∶3 石灰砂浆、M2.5 混合砂浆或 1∶2 灰泥浆等,垫在路面面层混凝土板上面或路面基层上面作为结合层,然后在其上砌筑片状或块状贴面层。砌块之间的结合以及表面抹缝,也用这些结合材料。

(2) 干法铺筑。以干性粉沙状材料做路面面层砌块的垫层和结合层。

3. 地面镶嵌与拼花

施工前,要根据设计的图样,准备镶嵌地面用的砖石材料。设计有精细图形的,要先在细密质地的青砖上放好大样,再精心雕刻,做成雕刻花砖,在施工时嵌入铺地图案中。施工时,先在已做好的道路基层上,铺垫一层结合材料,厚度一般为 40～70 cm。垫层结合材料主要用 1∶3 石灰砂、3∶7 细灰土、1∶3 水泥砂浆等,用干法铺筑或湿法铺筑都可以。

4. 嵌草路面的铺筑

嵌草路面有两种类型,一种是在块料铺装时,在块料之间留出空隙,其间种草,如冰裂纹嵌草路面、空心砖纹嵌草路面、人字纹嵌草路面等。另一种是制作成可以嵌草的各种纹样的混凝土铺地砖。

施工时,先在整平压实的路基上铺垫一层栽培壤土作垫层。壤土要求比较肥沃,不含粗颗粒物,铺垫厚度为 10～15 cm。然后在垫层上铺砌混凝土空心砌块或实心砌块,砌块缝中半填壤土,并播种草籽或贴上草块踩实。实心砌块的尺寸较大,草皮嵌种在砌块之间的预留缝中,草缝设计宽度为 2～5 cm,缝中填土达砌块的 2/3 高。空心砌块的尺寸较小,草皮嵌种在砌块中心预留的孔中。砌块与砌块之间不留草缝,常用水泥砂浆粘接。砌块中心孔填土宜为砌块的 2/3 高,砌块下面仍用壤土做垫层找平。嵌草路面保持平整。

(六) 路缘石安装

路缘石的基础应与路床同时挖填碾压,保证密实均匀,具有整体性。安装的路缘石要符合规定为:路缘石安放稳固,立缘石背后必须回填密实,路缘石间缝宽为 10 mm,用 M10 水泥砂浆勾缝。

六、实训作业

以学习小组为单位根据实训三设计的施工图完成一段长度的园路施工,并编制园路施工方案。

园路施工方案提纲:

(1) 项目概况。

(2) 施工准备工作。

(3) 施工方法。

(4) 施工进度计划。

(5) 合理化建议。

模块三
园林建筑小品工程

实训五
花池施工图的识别与设计

实训学时：6 学时
实训类型：设计型
实训要求：必修

一、实训目的

（1）理解花池施工图的内容与规范。

（2）掌握花池施工图的设计技术要领。

二、实训内容

（1）花池施工图的识别与理解。

（2）根据某园林工程项目方案图设计花池施工图。

三、实训器材

作图工具、硫酸纸、优秀施工范例图纸、CJJ/T67－2015《风景园林制图标准》。

四、实训步骤

（1）根据施工图范例分析花池施工图的内容：花池平面图、花池立面图、花池剖面图。

（2）根据施工图范例（见图 5－1），讨论分析花池平面图、花池立面图、花池剖面图的设计要领（参见"五、设计技术要领分析"）。

（3）以学习小组为单位进行某园林工程项目方案图到施工图的设计转化，完成花池施工图设计分析报告。

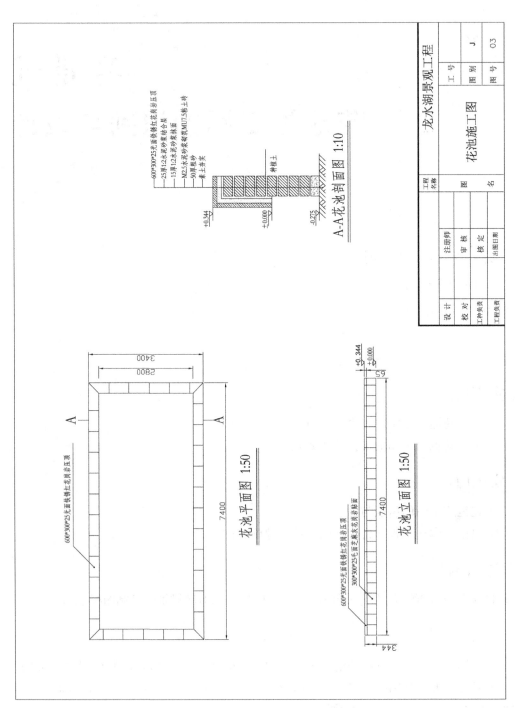

图 5－1　花池施工图

（4）根据施工图设计分析报告，完成某园林工程项目花池施工图的绘制。

五、设计技术要领分析

（1）花池平面图包括：花池平面形体绘制、尺寸标注、材料标注、图名注写、比例注写、剖切符号及代号绘制。

（2）花池立面图包括：花池立面形体绘制、尺寸标注、材料标注、图名注写、比例注写。

（3）花池剖面图包括：花池剖面结构绘制、尺寸标注、材料标注、图名注写、比例注写、剖切代号绘制。

以上具体规范参见 CJJ/T67 - 2015《风景园林制图标准》。

六、实训作业

（1）以学习小组为单位进行某园林工程项目方案图到施工图的设计转化，按照设计要领，完成花池施工图（花池平面图、花池立面图、花池剖面图）设计分析报告一份；

园林工程花池施工图设计分析报告提纲：

① 花池平、立、剖尺寸详解。

② 花池剖面结构详解。

③ 花池平、立、剖材质详解。

（2）根据施工图设计分析报告、CJJ/T67 - 2015《风景园林制图标准》，完成某园林工程花池施工图（花池平面图、花池立面图、花池剖面图）的绘制。

实训六
花池施工

实训学时：6 学时
实训类型：应用型
实训要求：必修

 一、实训目的

（1）理解花池施工的工序。

（2）掌握花池施工的技术要领。

 二、实训内容

（1）分析花池施工的工序。

（2）进行某花池的施工。

 三、实训器材

施工图纸、测量放线仪器、花池施工工具。

四、实训步骤

（1）第一步：分析花池施工的工序：定点放线→垫层处理→花池墙体砌筑→花池表面装饰。

（2）第二步：模拟工序按照技术要领（参见"五、技术要领分析"）进行某花池的施工，并完成花池施工方案。

五、技术要领分析

1. 定点放线

根据设计图和地面坐标系的对应关系,用测量仪器把花池中心点坐标测放到地面上,再把纵横中轴线上的其他中心点的坐标测放下来,然后将各中心点连线,即在地面上放出了花池的纵横线。据此可量出各处个体花池的中心,最后将各处个体花池的边线放到地面上就可以了。

2. 垫层处理、花池墙体砌筑

花池工程的主要工序就是砌筑花池墙体。放线完成后,开挖墙体基槽,基槽的开挖宽度应比墙体基础宽 10 cm 左右,深度根据设计而定,一般为 12～20 cm。槽底土面要整齐、夯实,松软处要进行加固,不得留下不均匀沉降的隐患。在砌基础之前,槽底应铺设 3～5 cm 的粗砂垫层,用作基础施工找平。墙体一般用砖砌筑,高 15～45 cm,其基础和墙体可用 1∶2 水泥砂浆或 MU7.5 标准砖砌成。墙砌筑好之后,回填泥土将基础埋上,并夯实泥土。

3. 花池表面装饰

用水泥和粗砂配成 1∶2.5 的水泥砂浆,对墙抹面,抹平即可,不要抹光;或按设计要求勾砖缝。按照设计,可用磨制花岗岩片、釉面墙地砖等贴面装饰,或者用彩色水磨石、水刷石、斩假石、喷砂等方法饰面。

如果用毛石块砌筑墙体,其基础采用 C7.5～C10 砼垫层,厚 6～10 cm,砌筑高度根据设计而定。为使毛石墙体整体性强,常用料石压顶或钢筋混凝土现浇,再用 1∶1 水泥砂浆勾缝,或用石材本色水泥砂浆勾缝作装饰。

六、实训作业

以学习小组为单位根据实训五设计的施工图完成花池的施工,并编制花池施工方案。

花池施工方案提纲:

(1) 项目概况。

(2) 施工准备工作。

(3) 施工方法。

(4) 施工进度计划。

(5) 合理化建议。

实训七
花架施工图的识别与设计

实训学时：6 学时
实训类型：设计型
实训要求：必修

 一、实训目的

（1）理解花架施工图的内容与规范。

（2）掌握花架施工图的设计技术要领。

 二、实训内容

（1）花架施工图的识别与理解。

（2）根据某园林工程项目方案图设计花架施工图。

 三、实训器材

作图工具、硫酸纸、优秀施工范例图纸、CJJ/T67－2015《风景园林制图标准》。

四、实训步骤

（1）第一步：根据施工图范例分析花架施工图的内容：花架顶平面图、花架平面图（若花架在 1.2 m 以下并没有其他园林要素，可以不单独表现）、花架立面图、花架剖面图。

（2）第二步：根据施工图范例（见图 7－1）讨论分析花架顶平面图、花架平面图、花架立面图、花架剖面图的设计要领（参见"五、设计技术要领分析"）。

（3）第三步：以学习小组为单位进行某园林工程项目方案图到施工图的设计转化，完

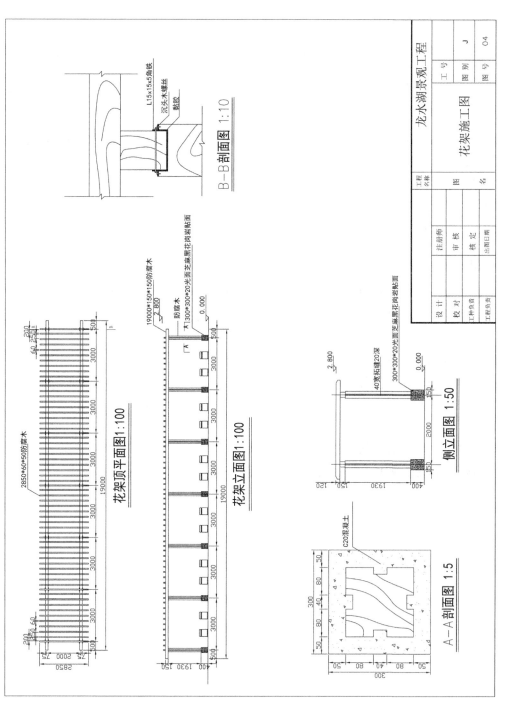

图 7 - 1 花架施工图

成花架施工图设计分析报告。

（4）第四步：根据施工图设计分析报告，完成某园林工程项目花架施工图的绘制。

五、设计技术要领分析

（1）花架顶平面图包括：顶平面形体绘制、尺寸标注、顶材料标注、剖切符号绘制、图名注写、比例注写。

（2）花架平面图包括：1.2 m以下形体绘制、尺寸标注、1.2 m以下形体材料标注、图名注写、比例注写。

（3）花架立面图包括：立面形体绘制、尺寸标注、标高标注、材料标注、剖切符号绘制、图名注写、比例注写。

（4）花架剖面图（立剖和平剖）包括：剖面形体、尺寸标注、做法材料标注、图名注写、比例注写。

以上具体规范参见 CJJ/T67－2015《风景园林制图标准》。

六、实训作业

（1）以学习小组为单位进行某园林工程项目方案图到施工图的设计转化，按照设计要领，完成花架施工图（花架顶平面图、花架平面图、花架立面图、花架剖面图）设计分析报告一份；

园林工程花架施工图设计分析报告提纲：

① 花架平、立、剖尺寸详解；

② 花架剖面结构详解；

③ 花架平、立、剖材质详解。

（2）根据施工图设计分析报告、CJJ/T67－2015《风景园林制图标准》，完成某园林工程项目花架施工图（花架顶平面图、花架平面图、花架立面图、花架剖面图）的绘制。

实训八
花架施工

实训学时：6 学时
实训类型：应用型
实训要求：必修

 一、实训目的

（1）理解不同材质花架的结构。

（2）掌握花架施工的技术要领。

 二、实训内容

（1）分析不同材质花架的施工方法与施工要点。

（2）进行某花架的施工。

 三、实训器材

施工图纸、测量放线仪器、花架施工工具。

四、实训步骤

（1）第一步：分析不同材质花架施工的方法。

（2）第二步：根据方法按照施工要点（参见"五、技术要领分析"）进行某花架的施工，并完成花架施工方案。

五、技术要领分析

1. 施工方法

对于竹木花架、钢花架可在放线且夯实柱基后，直接将竹、木、钢管等正确安放在定位点上，并用水泥砂浆浇筑。水泥砂浆凝固达到一定强度后，进行格子条施工；修整清理后，最后进行装修刷色。

对于混凝土花架，现浇装配均可。花架格子条断面的选择、间距大小、两端外挑长度、内跨径等要根据设计规格进行施工。花架上部格子条断面常为 50 mm×（120～160）mm，间距为 500 mm，两端外挑 700～750 mm，内跨径为 2 700 mm、3 000 mm 或 3 300 mm。为减少构件的尺寸及节约粉刷，可用高强度等级混凝土浇捣，一次成型后刷色即可。修整清理后，最后按要求进行装修。混凝土花架悬臂挑梁有起拱和上翘要求，以达到视觉效果。一般起翘高度为 60～150 mm，视悬臂长度而定，搁置在纵梁上的支点可有 1～2 个。

对于砖石花架，花架柱在夯实地基后以砖块、石板、块石等砌筑，花架纵横梁用混凝土斩假石或条石制成。其他同上。

对于钢花架，轻钢花架主要用于荫棚、单体与组合式花棚架，造型活泼自由，挺拔轻巧，富有现代感。各钢杆之间用电焊连接固定。所有钢杆表面必须作防锈涂料处理，并经常油漆养护，以防脱漆腐蚀。金属架夏天易导热，要选择抗热性较强的植物种类，营造现代浪漫的风格。

2. 施工要点

（1）柱子地基要坚固，定点要准确，柱子间距及高度要准确。

（2）花架要格调清新，注意与周围建筑及植物在风格上的统一。

（3）无论现浇和预制混凝土，还是钢筋混凝土构件，在浇筑混凝土前，都必须按照设计图纸规定的构件形状、尺寸等施工。

（4）涂刷带颜色的涂料时，配料要合适，保证整个花架都用同一批涂料。涂料宜一次用完，确保颜色一致。

（5）混凝土花架装修格子条可用 104 涂料或丙烯酸酯涂料，刷白两边。纵梁用水泥本色，或斩假石、水刷石（汰石子）饰面均可。柱用斩假石或水刷石饰面即可。

（6）刷色要防止出现漏刷、流坠、刷纹明显等现象。

（7）模板安装前，先检查模板的质量，不符合质量标准的不得投入使用。

（8）花架安装时要注意安全，严格按操作规程、标准进行施工。

（9）对于采用混凝土基础或现浇混凝土做的花架或花架式长廊，如施工环境多风、地基不良或这些花架要种瓜果类植物，因其承重较大，容易破坏基础。因此，施工时多用"地龙"，以提高抗风抗压能力。"地龙"是基础施工时加固基础的方法。施工时，柱基坑不是单个挖方，而是所有柱基一起挖方，成一坑沟，深度一般为 60 cm，宽 60～100 cm。打夯后，在沟底铺一层素混凝土，厚 15 cm，稍干后配钢筋（需连续配筋），然后按柱所在位置，焊接柱配钢筋。在沟内填入大块石，用素混凝土填充空隙，最后在其上现浇一层混凝土。保养 4～5 天后可进行下道工序。

六、实训作业

以学习小组为单位根据实训七设计的施工图完成花架的施工,并编制花架施工方案。

花架施工方案提纲:

(1)项目概况。

(2)施工准备工作。

(3)施工方法。

(4)施工进度计划。

(5)合理化建议。

模块四
水景工程

实训九
水池施工图的识别与设计

实训学时：6 学时

实训类型：设计型

实训要求：必修

 一、实训目的

（1）理解水池施工图的内容与规范。

（2）掌握水池施工图的设计技术要领。

 二、实训内容

（1）水池施工图的识别与理解。

（2）根据某园林工程项目方案图设计水池施工图。

 三、实训器材

作图工具、硫酸纸、优秀施工范例图纸、CJJ/T67－2015《风景园林制图标准》。

四、实训步骤

（1）第一步：根据施工图范例分析水池施工图的内容：水池平面图、水池立面图、水池剖面图、水池管线图。

（2）第二步：根据施工图范例（见图9-1），讨论分析水池平面图、水池立面图、水池剖面图、水池管线图的设计要领（参见"五、设计技术要领分析"）。

（3）第三步：以学习小组为单位进行某园林工程项目方案图到施工图的设计转化，完

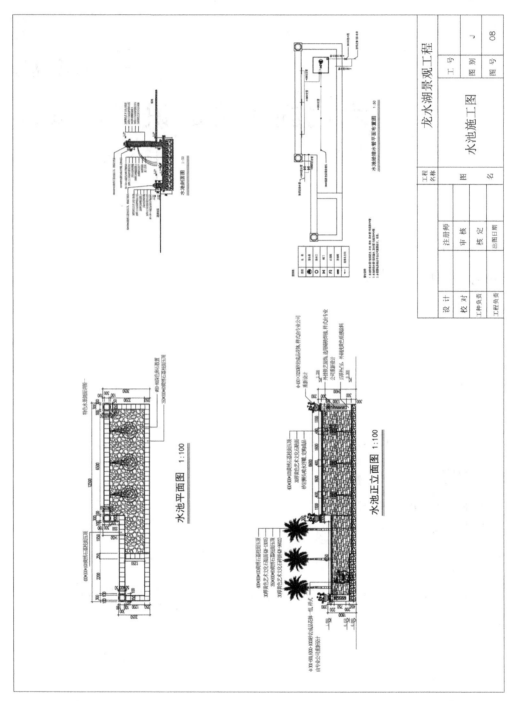

图 9 - 1　水池施工图

成水池施工图设计分析报告。

（4）第四步：根据施工图设计分析报告，完成某园林工程项目水池施工图的绘制。

五、设计技术要领分析

（1）水池平面图包括：标注各部分的尺寸、标注喷头和种植池等的平面位置、标注池底和压顶用装饰材质、图名与比例注写。

（2）水池立面图包括：

① 绘制主要朝向各立面景观。

② 标注水池池壁顶与周围地面的高程。水池一般深的为 0.6~0.8 m，浅的为 0.3~0.4 m。

③ 标注水池壁用装饰材质。

④ 图名与比例注写。

（3）水池剖面图包括：

① 绘制水池的剖面层次构造。

② 标注从地基至池壁顶各层的材料和施工要求，如一个剖面不足以反映时可增加剖面。

③ 图名与比例注写。

（4）水池管线设计包括：水池中的基本管线，包括给水管、补水管、泄水管、溢水管等。有时给水与补水管道使用同一根管子。给水管、补水管和泄水管为可控制的管道，以便更有效地控制水的进出。溢水管为自由管道，不加闸阀等控制设备以保证其畅通。

以上具体规范参见 CJJ/T67 - 2015《风景园林制图标准》。

六、实训作业

（1）以学习小组为单位进行某园林工程项目方案图到施工图的设计转化，按照设计要领，完成水池施工图（水池平面图、水池立面图、水池剖面图、水池管线图）设计分析报告一份。

园林工程水池施工图设计分析报告提纲：

① 水池平、立、剖尺寸详解；

② 水池剖面结构详解；

③ 水池平、立、剖材质详解；

④ 水池管线布置详解。

（2）根据施工图设计分析报告、CJJ/T67 - 2015《风景园林制图标准》，完成某园林工程项目的水池施工图（水池平面图、水池立面图、水池剖面图、水池管线图）的绘制。

实训十
水池施工

实训学时：6 学时
实训类型：应用型
实训要求：必修

一、实训目的

（1）理解水池施工的工序。
（2）掌握水池施工的技术要领。

二、实训内容

（1）分析水池施工的工序。
（2）进行某水池的施工。

三、实训器材

施工图纸、测量放线仪器、水池施工工具。

四、实训步骤

（1）第一步：分析水池施工的工序：施工放线→挖土方、整理土基、打垫层→池底施工→池壁施工→水池饰面施工。

（2）第二步：模拟工序按照技术要领（参见"五、技术要领分析"）进行某水池的施工，并完成水池施工方案。

五、技术要领分析

1. 施工放线

根据园林设计图纸,用测量仪器或放样工具将水池的位置测放到施工现场。

2. 挖土方、整理土基、打垫层

垫层材料:用 100、150、200 厚 3:7 灰土或碎石垫层,或用 100 厚 C10 混凝土。

3. 池底施工

池底材料用 C15、C20、C25 现浇钢筋混凝土,厚度应大于 200 mm,水池容积大应配双层钢筋。防水层材料用防水卷材(普通沥青防水卷材、改性沥青防水卷材、合成高分子防水卷材)、吹塑纸或塑料布、JS 防水涂料、防水砂浆、细石混凝土。管线材料用 DN110PVC 管、DN25-50PVC 管。

4. 池壁施工

池壁可为砖砌池壁(M5、M2.5 水泥砂浆砌 MU7.5、MU10 黏土砖)、块石池壁,或为 C15、C20、C25 钢筋混凝土池壁。压顶材料用现浇钢筋混凝土、预制混凝土块、石材等。

5. 水池饰面施工

池底常用干铺砂、砾石、卵石抹灰处理,或釉面砖、锦砖等。

池壁常用花岗石、釉面砖、锦砖抹灰处理,或用文化石等。

六、实训作业

以学习小组为单位根据实训九设计的施工图完成水池的施工,并编制水池施工方案。

水池施工方案提纲:

(1)项目概况。

(2)施工准备工作。

(3)施工方法。

(4)施工进度计划。

(5)合理化建议。

实训十一
人工湖施工图的识别与设计

实训学时：6 学时

实训类型：设计型

实训要求：必修

一、实训目的

（1）理解人工湖施工图的内容与规范。

（2）掌握人工湖施工图的设计技术要领。

二、实训内容

（1）人工湖施工图的识别与理解。

（2）根据某园林工程项目方案图设计人工湖施工图。

三、实训器材

作图工具、硫酸纸、优秀施工范例图纸、CJJ/T67－2015《风景园林制图标准》。

四、实训步骤

（1）第一步：根据施工图范例分析人工湖施工图的内容：人工湖平面图、湖底剖面图、驳岸或护坡剖面图。

（2）第二步：根据施工图范例（见图 11－1），讨论分析人工湖平面图、湖底剖面图、驳岸或护坡剖面图的设计要领（参见"五、设计技术要领分析"）。

（3）第三步：以学习小组为单位进行某园林工程项目方案图到施工图的设计转化，完

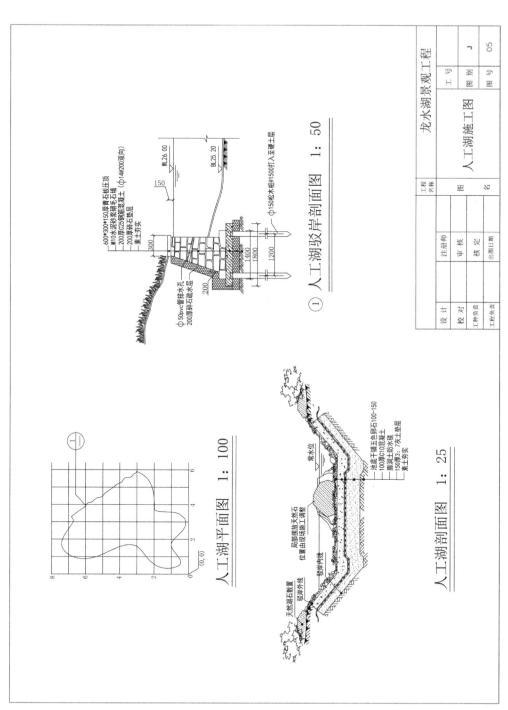

人工湖平面图　1：100

① 人工湖驳岸剖面图　1：50

人工湖剖面图　1：25

图 11-1　人工湖施工图

成人工湖施工图设计分析报告。

（4）第四步：根据施工图设计分析报告，完成某园林工程项目人工湖施工图的绘制。

五、设计技术要领分析

（1）人工湖平面图包括：形体绘制、方格网尺寸标注、驳岸或护坡索引、图名与比例注写。

（2）湖底剖面图包括：湖底形体结构绘制、湖底层次结构所用材质、图名与比例注写。

（3）驳岸或护坡剖面图包括：驳岸或护坡形体结构绘制、尺寸标注、湖底层次结构所用材质、图名与比例注写。

以上具体规范参见 CJJ/T67 - 2015《风景园林制图标准》。

六、实训作业

（1）以学习小组为单位进行某园林工程项目方案图到施工图的设计转化，按照设计要领，完成人工湖施工图（人工湖平面图、湖底剖面图、驳岸或护坡剖面图）设计分析报告一份。

园林工程人工湖施工图设计分析报告提纲：

① 人工湖平面尺寸详解。

② 湖底剖面结构详解。

③ 驳岸或护坡剖面结构详解。

④ 湖底、驳岸或护坡材质详解。

（2）根据施工图设计分析报告、CJJ/T67 - 2015《风景园林制图标准》，完成某园林工程项目的人工湖施工图（人工湖平面图、湖底剖面图、驳岸或护坡剖面图）的绘制。

实训十二
人工湖施工

实训学时：6 学时
实训类型：应用型
实训要求：必修

一、实训目的

（1）理解人工湖施工的工序。
（2）掌握人工湖施工的技术要领。

二、实训内容

（1）分析人工湖施工的工序。
（2）进行某人工湖的施工。

三、实训器材

施工图纸、测量放线仪器、人工湖施工工具。

四、实训步骤

（1）第一步：分析人工湖施工的工序：湖底施工→湖壁施工。
（2）第二步：模拟工序按照技术要领（参见"五、技术要领分析"）进行某人工湖池的施工，并完成人工湖施工方案。

五. 技术要领分析

(一)湖底施工

大面积湖底适于灰土做法,较小的湖底可以用混凝土做法,用塑料薄膜适合湖底渗漏中等的情况。图 12-1 为几种常见的湖底施工方法。

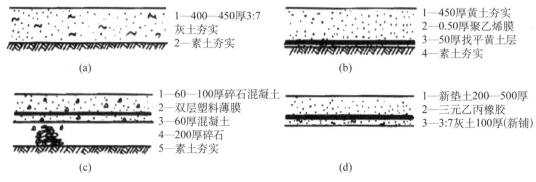

1—400—450厚3:7灰土夯实
2—素土夯实

(a)

1—450厚黄土夯实
2—0.50厚聚乙烯膜
3—50厚找平黄土层
4—素土夯实

(b)

1—60—100厚碎石混凝土
2—双层塑料薄膜
3—60厚混凝土
4—200厚碎石
5—素土夯实

(c)

1—新垫土200—500厚
2—三元乙丙橡胶
3—3:7灰土100厚(新铺)

(d)

图 12-1 几种简易湖底的做法

(a)灰土层湖底做法 (b)塑料薄膜湖底做法 (c)塑料薄膜防水层小湖底做法 (d)旧水池重新翻新池底做法

(二)湖壁施工

湖壁施工分为驳岸工程和护坡工程:

1. 驳岸工程

驳岸施工前必须放干湖水,或分段堵截围堰逐一排空。现以砌石驳岸说明施工要点。砌石驳岸施工工艺流程为:放线→挖槽→夯实地基→浇筑混凝土基础→砌筑岸墙→砌筑压顶。

(1)放线。布点放线应依据施工设计图上的常水位线来确定驳岸的平面位置,并在基础两侧各加宽 20 cm 放线。

(2)挖槽。一般采用人工开挖,工程量大时可采用机械挖掘。为了保证施工安全,挖方时要保证足够的工作面。对需要放坡的地段,务必按规定放坡。岸坡的倾斜可用木制边坡样板校正。

(3)夯实地基。基槽开挖完成后将基槽夯实。遇到松软的土层时,必须铺厚 14~15 cm 灰土(石灰与中性黏土之比为 3:7)一层加固。

(4)浇筑基础。采用块石混凝土基础。浇注时要将块石垒紧,不得列置于槽边缘。然后浇筑 M15 或 M20 水泥砂浆。基础厚度 400~500 mm,高度常为驳岸高度的 0.6~0.8 倍。灌浆务必饱满,要渗满石间空隙。北方地区冬季施工时可在砂浆中加 3%~5% 的 $CaCl_2$ 或 $NaCl$ 用以防冻。

(5)砌筑岸墙。M5 水泥砂浆砌块石,砌缝宽 1~2 cm。每隔 10~25 m 设置伸缩缝,缝宽 3 cm,用板条、沥青、石棉绳、橡胶、止水带或塑料等材料填充。填充时最好略低于砌石墙面。缝隙用水泥砂浆勾满。如果驳岸高差变化较大,应做沉降缝,宽 20 mm。另外,也可在岸墙后设置暗沟,填置砂石用以排除墙后积水,保护墙体。

(6) 砌筑压顶。压顶宜用大块石(石的大小可视岸顶的设计宽度选择)或预制混凝土板砌筑。砌时顶石要向水中挑出 5~6 cm。顶面一般高出最高水位 50 cm,必要时也可贴近水面。

桩基驳岸的施工可参考上述方法。

2. 护坡工程

根据护坡做法的基本特点,护坡方式有植被护坡、预制框格护坡和截水沟护坡三种坡面构造类型。

(1) 植被护坡。是采用草皮护坡、灌丛护坡或花坛护坡方式做的坡面。这实际上都是用植被来对坡面进行保护,因此这三种护坡的坡面构造基本上是一样的。一般而言,植被护坡的坡面构造从上到下的顺序是:植被层、坡面根系表土层和底土层。各层的构造情况如下:

① 植被层。采用草皮护坡方式的,植被层厚 15~45 cm;用花坛护坡的,植被层厚 25~60 cm;用灌木丛护坡,灌木层厚 45~180 cm。植被层一般不用乔木做护坡植物,因乔木重心较高,有时可因树倒而使坡面坍塌。在设计中,最好选用须根系的植物,其护坡固土作用比较好。

② 根系表土层。用草皮护坡与花坛护坡时,坡面保持斜面即可。若坡度太大,达到 60°以上时,坡面土壤应先整细并稍稍拍实,然后在表面铺上一层护坡网,最后才撒播草种或栽种草丛、花苗。用灌木护坡,坡面则可先整理成小型阶梯状,以方便栽种树木和积蓄雨水(见图 12-2)。为了避免地表径流直接冲刷陡坡坡面,还应在坡顶部顺着等高线布置一条截水沟,以拦截雨水。

竹钉

(a)　　　　　　　　　　　　　(b)

图 12-2　植被护坡坡面的两种断面

(a) 草坪护坡　(b) 灌木护坡

③ 底土层。坡面的底土一般应拍打结实,但也可不作任何处理。

(2) 预制框格护坡。是用混凝土、塑料、铁件、金属网等材料制作的预制框格,每一个框格单元的设计形状和规格大小都可以有许多变化。框格一般是预制生产的,在边坡施工时再装配成各种简单的图形。用锚和矮桩固定后,再往框格中填满肥沃壤土。土要填得高于框格,并稍稍拍实,以免下雨时流水渗入框格下面,冲刷走框底泥土,使框格悬空。图 12-3 是预制混凝土框格的参考形状及规格尺寸。

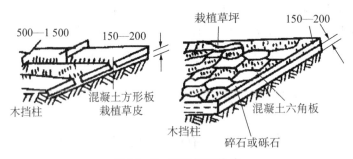

图 12 - 3　预制框格护坡

（3）截水沟护坡。截水沟一般设在坡顶，与等高线平行。沟宽 20～45 cm，深 20～30 cm，用砖砌成。沟底、沟内壁用 1∶2 水泥砂浆抹面。为了不破坏坡面的美观，可将截水沟设计为盲沟，即在截水沟内填满砾石，砾石层上面覆土种草。从外表看不出坡顶有截水沟，但雨水流到沟边就会下渗，然后从截水沟的两端排出坡外（见图 12 - 4）。

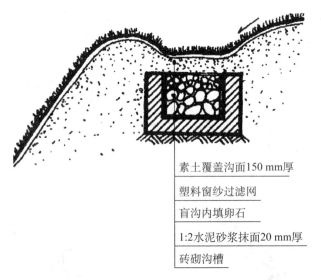

素土覆盖沟面150 mm厚

塑料窗纱过滤网

盲沟内填卵石

1:2水泥砂浆抹面20 mm厚

砖砌沟槽

图 12 - 4　截水沟构造

 **实训作业**

以学习小组为单位根据实训十一设计的施工图完成人工湖的施工，并编制人工湖施工方案。

人工湖施工方案提纲：

（1）项目概况。

（2）施工准备工作。

（3）施工方法。

（4）施工进度计划。

（5）合理化建议。

模块五
假山工程

实训十三
天然假山施工图的识别与设计

实训学时：6 学时
实训类型：设计型
实训要求：必修

一、实训目的

（1）理解天然假山施工图的内容与规范。
（2）掌握天然假山施工图的设计技术要领。

二、实训内容

（1）天然假山施工图的识别与理解。
（2）根据某园林工程项目方案图设计天然假山施工图。

三、实训器材

作图工具、硫酸纸、优秀施工范例图纸、CJJ/T67－2015《风景园林制图标准》。

四、实训步骤

（1）第一步：根据施工图范例分析天然假山施工图的内容：天然假山平面图、天然假山立面图、天然假山剖面图。

（2）第二步：根据施工图范例（见图 13－1），讨论分析天然假山平面图、天然假山立面图、天然假山剖面图的设计要领（参见"五、设计技术要领分析"）。

（3）第三步：以学习小组为单位进行某园林工程项目方案图到施工图的设计转化，完

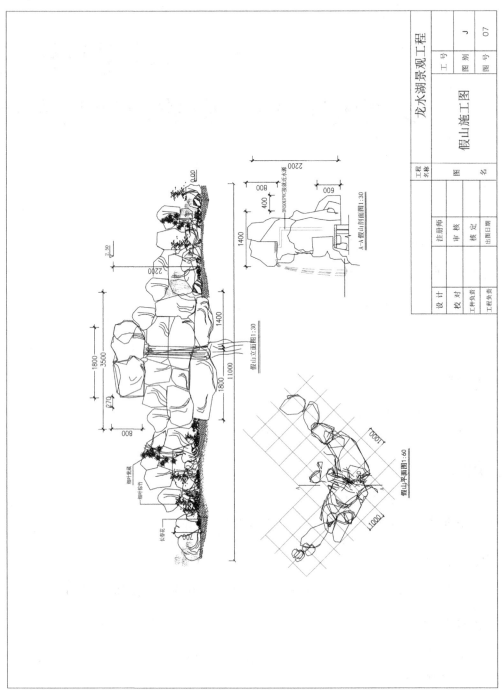

图 13 - 1　假山施工图

成天然假山施工图设计分析报告。

（4）第四步：根据施工图设计分析报告，完成某园林工程项目天然假山施工图的绘制。

五、设计技术要领分析

（1）天然假山平面图包括：假山的平面位置定位，山峰、制高点、山谷、山洞的平面位置定位及高程标注，植物及其他设施的位置定位，图名与比例注写。

（2）天然假山立面图包括：假山的立面形体绘制、假山山峰的高程标注、假山与植物及其他设备的关系表现、图名与比例注写。

（3）天然假山剖面图包括：假山各山峰的高程标注、假山的内部表现、图名与比例注写。

以上具体规范参见 CJJ/T67－2015《风景园林制图标准》。

六、实训作业

（1）以学习小组为单位进行某园林工程项目方案图到施工图的设计转化，按照设计要领，完成天然假山施工图（天然假山平面图、天然假山立面图、天然假山剖面图）设计分析报告一份。

园林工程天然假山施工图设计分析报告提纲：

① 天然假山平、立、剖尺寸详解。

② 天然假山剖面结构详解。

③ 天然假山基础做法分析。

（2）根据施工图设计分析报告、CJJ/T67－2015《风景园林制图标准》，完成某园林工程项目的天然假山施工图（天然假山平面图、天然假山立面图、天然假山剖面图）的绘制。

实训十四
天然假山施工

实训学时：6 学时
实训类型：应用型
实训要求：必修

 一、实训目的

（1）理解天然假山施工的工序。
（2）掌握天然施工的技术要领。

 二、实训内容

（1）分析天然假山施工的工序。
（2）进行某天然假山的施工。

 三、实训器材

施工图纸、测量放线仪器、假山施工工具。

四、实训步骤

（1）第一步：分析天然施工的工序：准备→放线→立基→拉底→中层→收顶→做脚。
（2）第二步：模拟工序按照技术要领（参见"五、技术要领分析"）进行某天然假山的施工，并完成天然假山施工方案。

五、技术要领分析

（一）准备

1. 施工材料的准备

（1）山石备料。据假山设计意图,确定所选用的山石种类,最好到产地直接对山石进行初选,初选的标准可适当放宽。在运回山石过程中,对易损坏的奇石应给予包扎防护。山石在现场不要堆起来,而应平摊在施工场地周围待选用。山石备料数量的多少,应根据设计图估算出来。

（2）辅助材料准备。堆叠假山所用的辅助材料主要是指在叠山过程中需要消耗的一些结构性材料,如水泥、石灰、砂石及少量颜料等。

① 水泥:在假山工程中,水泥需要与砂石混合,配成水泥砂浆和混凝土后再使用。

② 石灰:在古代,假山的胶结材料就是以石灰浆为主,再加进糯米浆使其黏合性能更强。而现代的假山工艺中已改用水泥作胶结材料。石灰则一般是以灰粉和素土一起,按3∶7的配合比配制成灰土,作为假山的基础材料。

③ 砂:砂是水泥砂浆的原料之一,分为山砂、河砂、海砂等,而以含泥少的河砂、海砂质量最好。在配制假山胶结材料时,应尽量用粗砂。粗砂配制的水泥砂浆与山石质地要接近一些,有利于削弱人工胶合痕迹。

④ 颜料:在一些颜色比较特殊的山石的胶合缝口处理中,或是在以人工方法用水泥材料塑造假山和石景时,往往要使用颜料来为水泥配色。需要准备什么颜料,应根据假山所采用的山石颜色来确定。常用的水泥配色颜料是炭黑、氧化铁红、柠檬铬黄、氧化铬绿和钴蓝。

另外,还要根据山石质地的软硬情况,准备适量的铁耙钉、银锭扣、铁吊架、铁扁担、大麻绳等施工消耗材料。

2. 施工工具的准备

（1）绳索。绳索是绑扎石料后起吊搬运的工具之一。绳索的规格很多,假山用起吊搬运的绳索是用黄麻长纤维丝精制而成的。一般选直径 20 mm 粗 8 股黄麻绳、25 mm 粗 12 股黄麻绳、30 mm 粗 16 股黄麻绳、40 mm 粗 18 股黄麻绳,作为对各种石块绑扎起吊的绳索。因黄麻绳质较柔软,打结与解扣方便且使用次数也较多,可以作为一般搬运工作的主要结扎工具。以上绳索的负荷值为 200～1 500 kg(单根)。在具体使用时可以自由选择,灵活使用(辅助性小绳索不计在内)。绳索活扣是吊运石料唯一正确的操作方法,它的打结法与一般起吊搬运技工的活结法相同。绳索打结是对吊运套入吊钩或杠棒而用的活结,但如何绑扎很重要。绑扎的原则是选择在石料(块)的重心位置处,或重心稍上的地方,两侧打成环状,套在可以起吊的突出部分或石块底面的左右两侧角端,这样便于在起吊时因重力作用愈吊反而附着牢固程度愈大。

（2）杠棒。杠棒是原始的搬抬运输工具,但因其简单、灵活、方便,在假山工程运用机械化施工程度不太高的现阶段,仍有使用价值,所以我们还需要将其作为重要搬运工具之一来使用。杠棒在南方取毛竹为材,直径 6～8 cm。要求取节密的新毛竹根部,节间长约

6～11 cm。毛竹杠棒长度约为 1.8 m。北方杠棒多用柔韧的黄檀木,加工成扁形适合人肩杠抬。杠棒单根的负荷重量要求达到 200 kg 左右。较重的石料要求双道杠棒或 3～4 道杠棒由 6～8 人杠抬。

(3)撬棍。撬棍是指用长约 1～1.5 m 不等的粗钢筋或六角空芯钢直棍段,在其两端锻打成偏宽楔形,与棍身呈 45°～60°不等的撬头,以便将其深入待撬拨的石块底下,用于撬拨要移动的石块。

(4)破碎工具。破碎假山石料要用大、小榔头。一般多用 24 磅、20 磅到 18 磅大小不等的大型榔头,用于锤击石块需要击开的部分,是现场施工中破石用的工具之一。为了击碎小型石块或使石块靠紧,也需要小型榔头。榔头形状是一头与普通榔头一样为平面,另一头为尖啄嘴状。小榔头的尖头是做修凿之用,大榔头是做敲击之用。

(5)运载工具。对石料的较远水平运输要靠半机械的人力车或机动车。这些运输工具的使用一般属于运输业务,在此不再赘述。

(6)垂直吊装工具。

① 吊车。在大型假山工程中,为了增强假山的整体感,常常需要吊装一些巨石,在有条件的情况下,配备一台吊车是有必要的。如果不能保证有一台吊车在施工现场随时待用,也应做好用车计划,在需要吊装巨石的时候临时性地租用吊车。

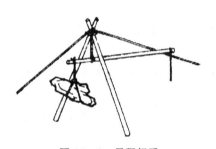

图 14 - 1 吊秤起重

② 吊秤起重架(见图 14 - 1)。这种杆架实际上是由一根主杆和一根臂杆组合成的可作大幅度旋转的吊装设备。架设这种杆架时,先要在距离主山中心点的适宜位置的地面挖一个深 30～50 cm 的浅窝,然后将直径 150 mm 以上的杉杆直立在其上作为主杆。主杆的基脚用较大石块围住压紧,不使其移动;而杆的上端则用大麻绳或 8 号铅丝拉向周围地面上的固定铁桩并拴牢绞紧。用铅丝时应每 2～4 根为一股,用 6～8 股铅丝均匀地分布在主杆周围。固定铁桩的粗度应在 30 mm 以上,长 50 cm 左右,其下端为尖头,朝着主杆的外方斜着打入地面,只留出顶端供固定铅丝。然后在主杆上部适当位置吊拴直径在 120 mm 以上的臂杆,利用杠杆作用吊起大石并安放到合适的位置。

③ 起重绞磨机(见图 14 - 2)。在地上立一根杉杆,杆顶用 4 根大绳拴牢,每根大绳各由一人从 4 个方向拉紧并服从统一指挥,既扯住杉杆,又能随时作松紧调整,以便吊起山石后能作水平方向移动。在杉杆的上部还要拴上一个滑轮,再用一根大绳或钢丝绳从滑轮穿过,绳的一端拴吊着山石,另一端再穿过固定在地面的第二滑轮,与绞磨机相连。转动绞磨,山石就被吊起

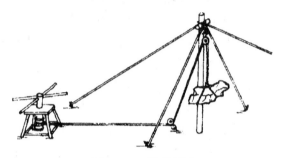

图 14 - 2 绞磨起重

来了。

④ 手动铁链葫芦(铁辘轳)(见图 14-3)。手动葫芦简单实用,是假山工程必备的一种起重设备。使用这种工具时,也要先搭设起重杆架。可用两根结实的杉杆,将其上端紧紧拴在一起,再将两根杉杆的柱脚分开,使杆架构成一个三角架。然后在杆架上端拴两条大绳,从前后两个方向拉住并固定杆架,绳端可临时拴在地面的石头上。将手动的铁链葫芦挂在杆顶,就可用来起重山石。起吊山石的时候,可以通过拉紧或松动大绳和移动三角架的柱脚来移动和调整山石的平面位置,使山石准确地吊装到位。

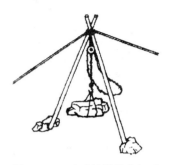

图 14-3　手动铁链葫芦起重

(7) 嵌填修饰用工具。假山施工中,对嵌缝修饰需用一简单的手工工具,像泥雕艺术家用的塑刀一样,用大约宽 20 mm、长 300 mm、厚 5 mm 的条形钢板制成,呈正反 S 形,俗称"柳叶抹"。

为了修饰抹嵌好的灰缝使之与假山混同,除了在水泥砂浆中加色外,还要用毛刷沾水轻轻刷去砂浆的毛渍。一般用油漆工常用的大、中、小三种型号的漆帚作为修饰灰缝表面的工具。蘸水刷光的工序,要待所嵌的水泥缝初凝后开始,不能早于初凝之前(嵌缝约 45 min 后),以免将灰缝破坏。

3. 施工人员配备

(1) 假山施工工长。假山工程专业的主办施工员,有人也称之为假山相师,在明、清两代则被叫做"山匠""山石匠""张石山、李石山"等。在施工过程中,施工工长负有全面的指挥职责和管理职责,从选石到每一块山石的安放位置和姿态的确定,他都要在现场直接指挥。

(2) 假山技工。这类人员应当熟练掌握山石吊装技术、调整技术、砌筑技术和抹缝修饰技术。他们应能够及时、准确地领会工长的指挥命令,并能够带领几名普通工进行相应的技术操作,操作质量能达到工长的要求。

(3) 普通工。应具有基本的劳动者素质,能正确领会施工工长和假山技工的指挥意图,能按技术示范要求进行正确的操作。

(二) 放线

放线是指按设计图纸确定的位置与形状在地面上放出假山的外形形状。一般基础施工比假山的外形要宽,特别是在假山有较大幅度的外挑时,一定要根据假山的重心位置来确定基础的大小,需要放宽的幅度会更大。

(三) 立基

假山像建筑一样,必须有坚固耐久的基础。假山基础是指它的地下或水下部分。通过基础把假山的重量和荷载传递给地面。在假山工程中,根据地基土质的性质、山体的结构、荷载大小等不同分别选用独立基础、条形基础、整体基础、圈式基础等不同形式的基础。基础不好,不仅会引起山体开裂破坏、倒塌,还会危及游客的生命安全,因此必须安全可靠。常用的基础有以下几种:

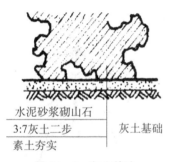

水泥砂浆砌山石

3:7灰土二步　　灰土基础

素土夯实

图 14－4　灰土基础

1. 灰土基础（见图 14－4）

（1）放线。清除地面杂物后便可放线。一般根据设计图纸作方格网控制，或目测放线，并用白灰划出轮廓线。

（2）刨槽。槽深根据设计而定，一般深 50～60 cm。

（3）拌料。灰土比例为 1：3。泼灰时注意控制水量。

（4）铺料。一般铺料厚 30 cm，夯实厚 20 cm。基础打平后应距地面 20 cm。通常当假山高 2 m 以上时，做一步灰土，以后山高 1 m，基础增加一步灰土。灰土基础牢固，经数百年也不松动。

2. 浆砌块石基础（见图 14－5）

块石基础的基槽宽度和灰土基础一样，要比假山底面宽 50 cm 左右。基槽地面夯实后，可用碎石、3：7 灰土或 1：3 水泥干砂铺在地面做一个垫层。垫层之上再做基础层。做基础用的块石应为棱角分明、质地坚实、有大有小的石材，一般用水泥砂浆砌筑。用水泥砂浆砌筑块石可采用浆砌与灌浆两种方法。浆砌就是用水泥砂浆挨个地拼砌；灌浆则是先将块石嵌紧铺装好，然后再用稀释的水泥砂浆倒在块石层上面，并促使其流动灌入块石的每条缝隙中。

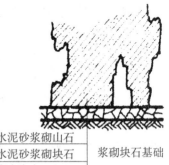

水泥砂浆砌山石

水泥砂浆砌块石　　浆砌块石基础

素土夯实

图 14－5　浆砌块石基础

3. 桩基（见图 14－6）

（1）条件。当上层土壤松软、下层土壤坚实时使用桩基。在我国古典园林中，桩基多用于临水假山或驳岸。

（2）类型。桩基有两种类型：一种为支撑桩，是指当软土层不深，将桩直接打到坚土层上的桩；另一种是摩擦桩，当坚土层较深，这时打桩的目的是靠桩与土间的摩擦力起支撑作用。

（3）对桩材的要求。做桩材的木质必须坚实、挺直，其弯曲度不得超过 10%，并只有一个弯。园林中常用桩材为杉、柏、松、橡、桑、榆等，其中以杉、柏最好。桩直径通常为 10～15 cm；长度由地下坚土的深度决定，多为 1～2 m。桩的排列方式有梅花桩（5 个/m²）、丁字桩和马牙桩，其单根承载重量为 15～30 t。

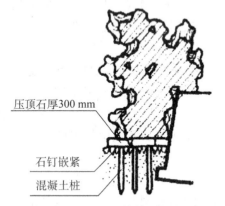

压顶石厚300 mm

石钉嵌紧

混凝土桩

图 14－6　桩基础

4. 混凝土基础（见图 14－7）

近代假山多采用混凝土基础。当山体高大、土质不好，或在水中，岸边堆叠山石时使用。这类基础强度高，施工快捷。基础深度根据叠石高度而定，一般 30～50 cm。常用混凝土标号为 C15，配比为水泥：沙：卵石＝1：2：4。基宽一般各边宽出山体底面 30～50 cm。

对于山体特别高大的工程,还应做钢筋混凝土基础。

假山无论采用哪种基础,其表面不宜露出地表,最好低于地面 20 cm。这样不仅美观,而且易在山脚种植花草。在浇筑整体基础时,应留出种树的位置,以便树木生长,这就是俗称的要"留白"。如在水中叠山,其基础应与池底同时做,必要时做沉降缝,防止池底漏水。

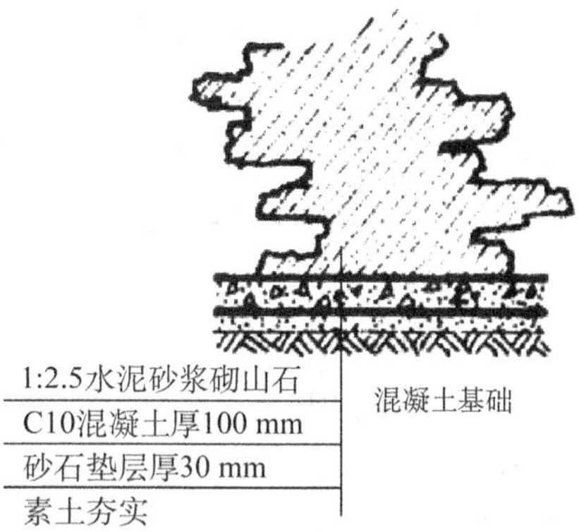

1:2.5水泥砂浆砌山石
C10混凝土厚100 mm
砂石垫层厚30 mm
素土夯实

混凝土基础

图 14 - 7　混凝土基础

(四) 拉底

拉底是在山脚线范围内砌筑第一层山石,即做出垫底的山石层。

1. 拉底的方式

假山拉底的方式有满拉底和周边拉底两种。

(1) 满拉底。就是在山脚线的范围内用山石满铺一层。这种拉底的做法适宜规模较小、山底面积也较小的假山,或北方冬季有冻胀破坏地方的假山。

(2) 周边拉底。先用山石在假山山脚沿线砌成一圈垫底石,再用乱石碎砖或泥土将石圈内全部填起来,压实后即成为垫底的假山底层。这一方式适合基底面积较大的大型假山。

2. 山脚线的处理

拉底形成的山脚边线也有两种处理方式:一是露脚方式,二是埋脚方式。

(1) 露脚。即在地面上直接做起山底边线的垫脚石圈,使整个假山就像是放在地上似的。这种方式可以减少山石用量和用工量,但假山的山脚效果稍差一些。

(2) 埋脚。是将山底周边垫底山石埋入土下约 20 cm 深,可使整座假山仿佛是从地下长出来似的。在石边土中栽植花草后,假山与地面的结合就更加紧密、更加自然了。

3. 拉底的技术要求

在拉底施工中,首先要注意选择适合的山石来做山底,不得用风化过度的松散的山石。其次,拉底的山石底部一定要垫平垫稳,保证不能摇动,以便向上砌筑山体。第三,拉底的石与石之间要紧连互咬,紧密地扣合在一起。第四,山石之间要有不规则地断续相间,有断有连。第五,拉底的边缘部分要错落变化,使山脚线弯曲时有不同的半径,凹进时有不同的凹深和凹陷宽度,避免山脚的平直和浑圆形状。

(五) 中层

中层即底石以上、顶层以下的部分。由于这部分体量最大、用材广泛、单元组合和结构变化多端,因此是假山造型的主要部分。其变化与上、下层叠石乃至山体结顶的艺术效果关联密切,是决定假山整体造型的关键层段。

假山堆叠既是一个施工操作的过程,同时也是一个艺术创作的过程。假山的成败,一方面与设计方案有关,另一方面更是对假山匠师艺术造型能力的一个检验。

叠石造山无论其规模大小,都是由一块块形态、大小不同的山石拼叠起来的。对假山师傅来说,造型技艺就是相石拼叠的技艺。"相石"就是假山师傅对山石材料的目视心记。相石拼叠的过程依次是:相石选石→想象拼叠→实际拼叠→造型相形,而后从造型后的相形再回到上述相石拼叠的过程。每一块山石的拼叠施工过程都需要把这一块山石的形态、纹理与整个假山的造型要求和纹理脉络变化联系起来,如此反复循环下去,直到整体的山体完成为止。

(六) 收顶

收顶即处理假山最顶层的山石。山顶是显现山的气势和神韵的突出部位,假山收顶是整组假山的魂。观赏假山素有远看山顶、近看山脉的说法,山顶是决定叠山整体重心和造型的最主要部位。收顶用石体量宜大,以便合凑收压而坚实稳固,同时要使用形态和轮廓均富有特征的山石。假山收顶的方式一般取决于假山的类型:峦顶多用于土山或土多石少的山,平顶适用于石多土少的山,峰顶常用于岩山。峦顶多采用圆丘状或因山岭走势而有些许伸展。

峰顶根据造型特征可分为三种形式:剑立式(挺拔高耸,见图 14-8)、流云式(形如奇云横空、玲珑秀丽,见图 14-9)、悬垂式(以奇制胜,见图 14-10)。

图 14-8 剑立式

图 14-9 流云式

图 14-10 悬垂式

(七) 做脚

做脚又称补脚,即在掇山基本完成之后,在紧贴拉底石的部位布置山石,以弥补拉底石因结构承重而造成的造型不足问题。它虽然不承担山体的重压,却必须与主山的造型相适应,成为假山余脉的组成部分。做法有如图 14 - 11 所示的几种形式。

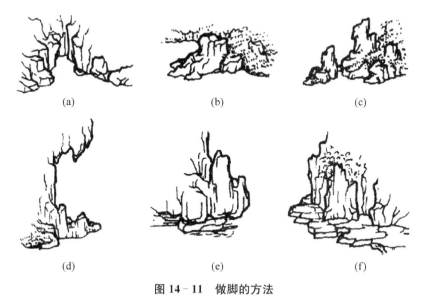

(a)　　　　　(b)　　　　　(c)

(d)　　　　　(e)　　　　　(f)

图 14 - 11　做脚的方法

(a) 凹进脚　(b) 凸出脚　(c) 断连脚　(d) 承上脚　(e) 悬底脚　(f) 平板脚

1. 凹进脚

山脚向内凹进,随着凹进的深浅宽窄不同,脚坡做成直立、陡坡或缓冲坡都可以。

2. 凸出脚

是向外凸出的山脚,其脚坡可做成直立状或坡度较大的陡坡状。

3. 断连脚

山脚向外凸出,凸出的端部与山脚本体部分似断似连。

4. 承上脚

山脚向外凸出,凸出部分对着其上方的山体悬垂部分,起着均衡上下重力和承托山顶下垂之势的作用。

5. 悬底脚

局部地方的山脚底部做成低矮的悬空状,与其他非悬底山脚构成虚实对比,可增强山脚的变化。这种山脚最适于用在水边。

6. 平板脚

片状、板脚山石连续地平放山脚,做成如同山边小路一般的造型,突出了假山上下的横竖对比,使景观更为生动。

六、实训作业

以学习小组为单位根据实训十三设计的施工图完成天然假山的施工,并编制天然假山施工方案。

天然假山施工方案提纲：

（1）项目概况。

（2）施工准备工作。

（3）施工方法。

（4）施工进度计划。

（5）合理化建议。

实训十五
塑石假山施工图的识别与设计

实训学时：6 学时
实训类型：设计型
实训要求：必修

一、实训目的

（1）理解塑石假山内容与规范。
（2）掌握塑石假山施工图的设计技术要领。

二、实训内容

（1）塑石假山施工图的识别与理解。
（2）根据某园林工程项目方案图设计塑石假山施工图。

三、实训器材

作图工具、硫酸纸、优秀施工范例图纸、CJJ/T67－2015《风景园林制图标准》。

四、实训步骤

（1）根据施工图范例分析塑石假山施工图的内容：塑石假山平面图、塑石假山立面图、塑石假山剖面图。
（2）根据施工图范例（见图 15－1），讨论分析的塑石假山平面图、塑石假山立面图、塑石假山剖面图设计要领（参见"五、设计技术要领分析"）。
（3）以学习小组为单位进行某园林工程项目方案图到施工图的设计转化，完成塑石假

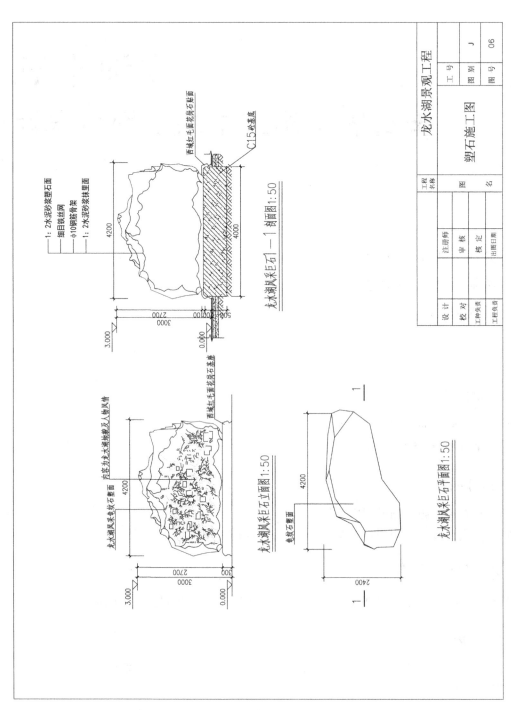

图 15 - 1 塑石施工图

山施工图设计分析报告。

（4）根据施工图设计分析报告,完成某园林工程项目塑石假山施工图的绘制。

五、设计技术要领分析

（1）塑石假山平面图包括：假山的平面位置定位、塑石的材质标注、图名与比例注写。

（2）塑石假山立面图包括：假山的立面形体绘制、假山山峰的高程标注、假山与植物及其他设备的关系表现、图名与比例注写。

（3）塑石假山剖面图包括：假山由内及外形体绘制、假山由内及外材质标注、图名与比例注写。

以上具体规范参见 CJJ/T67 - 2015《风景园林制图标准》。

六、实训作业

（1）以学习小组为单位进行某园林工程项目方案图到施工图的设计转化,按照设计要领,完成塑石假山施工图（塑石假山平面图、塑石假山立面图、塑石假山剖面图）设计分析报告一份；

园林工程塑石假山施工图设计分析报告提纲：

① 塑石假山平、立、剖尺寸详解。

② 塑石假山剖面结构详解。

③ 塑石假山剖面材质详解。

（2）根据施工图设计分析报告、CJJ/T67 - 2015《风景园林制图标准》,完成某园林工程项目的塑石假山施工图（塑石假山平面图、塑石假山立面图、塑石假山剖面图）的绘制。

实训十六
塑石假山施工

实训学时：6 学时
实训类型：应用型
实训要求：必修

 一、实训目的

（1）理解塑石假山施工的工序。
（2）掌握塑石假山施工的技术要领。

 二、实训内容

（1）分析塑石假山施工的工序。
（2）进行某塑石假山的施工。

 三、实训器材

施工图纸、测量放线仪器、假山施工工具。

四、实训步骤

（1）分析塑石假山施工的工序：基架设置→铺设铁丝网→打底及造型→抹面及上色。
（2）模拟工序按照技术要领（参见"五、技术要领分析"）进行塑石假山的施工，并完成塑石假山施工方案。

五、技术要领分析

1. 基架设置

根据山形、体量和其他条件选择基架结构，如砖石基架、钢筋铁丝网基架、混凝土基架或三者结合基架。坐落在地面的塑石要有相应的地基处理；坐落在室内的塑石要根据楼板的结构和荷载条件进行结构计算，包括地梁和钢梁、柱及支撑设计等。基架多以内接的几何形体为桁架，用为整个山体的支撑体系，框架的外形尽可能接近设计的山体形状。凡用钢筋混凝土基架的，都应涂防锈漆两遍。

2. 铺设铁丝网

铁丝网在塑石中主要起成形及挂泥的作用。砖石骨架一般不设铁丝网，但形体宽大者也需铺设；钢骨架必需铺设铁丝网。铁丝网要选择易于挂泥的材料。铺设之前，先做分块钢架附在形体简单的钢骨架上并焊牢，变几何形体为凹凸的自然外形，其上再挂铁丝网。铁丝网根据设计造型用木槌及其他工具成型。

3. 打底及造型

塑石骨架完成后，若为砖石骨架，一般以 M7.5 混合砂浆打底，并在其上进行山石皱纹造型；若为钢骨架，则应先抹白水泥麻石灰两遍，再堆抹 C20 混凝土，然后于其上进行山石皱纹造型。

4. 抹面及上色

通过精心地抹面和石面皱纹、棱角塑造，可使石面具有逼真的质感，才能达到做假如真的效果。因此塑石骨架基本成型后，用 1∶2.5 或 1∶2 水泥砂浆对山石皱纹找平，再用石色水泥进行面层抹灰，各种色浆的配比如表 16－1 所示，最后修饰成型。塑石工艺做法如图 16－1 所示。

表 16－1　各种色浆的配比

仿色	白水泥	普通水泥	氧化铁黄	氧化铁红	硫酸钡	107 胶	黑墨汁
黄石	100	—	5	0.5	—	适量	适量
红色山石	100	—	1	5	—	适量	适量
通用石色	70	30	—	—	—	适量	适量
白色山石	100	—	—	—	5	适量	—

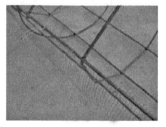

(a) 做骨架　　　　　　　　(b) 绑扎铁丝网　　　　　　　　(c) 绑扎铁丝网

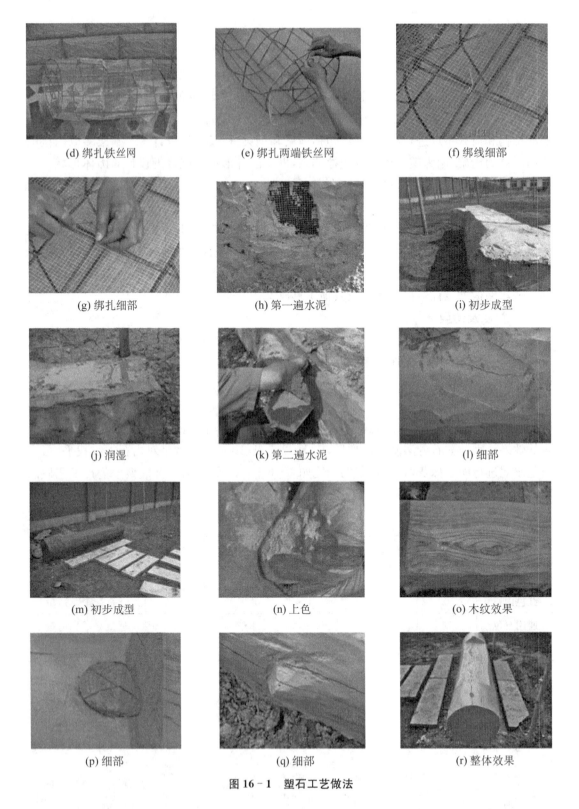

(d) 绑扎铁丝网　　　　　　　(e) 绑扎两端铁丝网　　　　　　　(f) 绑线细部

(g) 绑扎细部　　　　　　　　(h) 第一遍水泥　　　　　　　　　(i) 初步成型

(j) 润湿　　　　　　　　　　(k) 第二遍水泥　　　　　　　　　(l) 细部

(m) 初步成型　　　　　　　　(n) 上色　　　　　　　　　　　(o) 木纹效果

(p) 细部　　　　　　　　　　(q) 细部　　　　　　　　　　　(r) 整体效果

图 16－1　塑石工艺做法

六、实训作业

以学习小组为单位根据实训十五设计的施工图完成塑石假山的施工,并编制塑石假山施工方案。

塑石假山施工方案提纲:

(1)项目概况。

(2)施工准备工作。

(3)施工方法。

(4)施工进度计划。

(5)合理化建议。

模块六
种植工程

实训十七
种植施工图的识别与设计

实训学时：6 学时
实训类型：设计型
实训要求：必修

一、实训目的

（1）理解种植施工图的内容与规范。
（2）掌握种植施工图的设计技术要领。

二、实训内容

（1）种植施工图的识别与理解。
（2）根据某园林工程项目方案图设计种植施工图。

三、实训器材

作图工具、电脑、优秀施工范例图纸、CJJ/T67－2015《风景园林制图标准》。

四、实训步骤

（1）根据施工图范例分析种植施工图的内容：种植施工图设计说明、种植平面图（可细分为乔木种植平面图、灌木种植平面图、地被种植平面图）、苗木表（可细分为乔木苗木表、灌木苗木表、地被苗木表）。

（2）根据施工图范例（见图 17－1、图 17－2），讨论分析种植施工图设计说明、种植平面图、苗木表的设计要领（参见"五、设计技术要领分析"）。

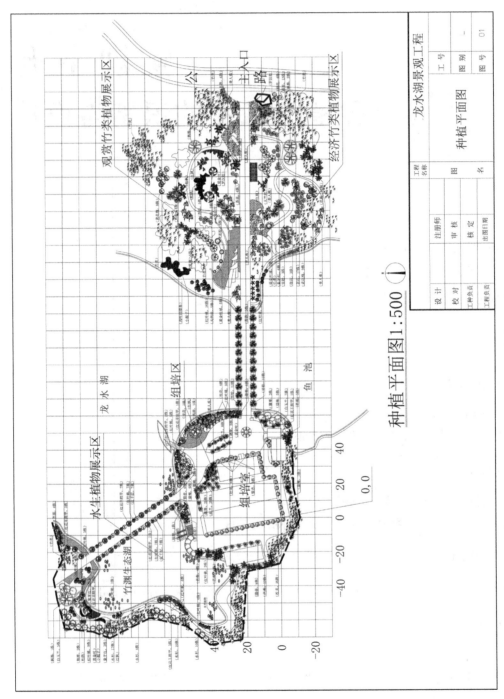

种植平面图 1:500

图 17-1 种植平面图

苗木表

序号	图例	名称	规格（cm）干径	高度	冠幅	数量	备注
1		桂花	8-10	250-400		20	
2		天竺桂	6-7	150-220		11	
3		红干层	3-4	100-120		14	
4		水杉	6-7	150-250		35	
5		银桦	10-12	400-500		3	
6		红花羊蹄甲	6-8	150-250		28	
7		雪松	5-6	150-200		34	
8		杜英	6-8	150-250		40	
9		象牙红	10-12	400-500		12	
10		银杏	6-8	150-250		9	
11		枫杨	28-30	900-1200		5	
12		枫香	8-10	250-400		2	
13		白玉兰	2-3	100-120		12	
14		罗汉松	4-5	120-150		22	
15		红叶桃	3-4	100-120		78	
16		红枫	3-4	100-120		60	

苗木表

序号	图例	名称	规格（cm）干径	高度	冠幅	数量	备注
17		黄花槐	2-3	100-120		17	
18		竹类		300-400	100-150	23520株	4株/m²
19		蒲葵	10-12	400-500		51	
20		苏铁		30-35	30-35	14	
21		腊梅		120-150	120-150	19	
22		茶花		80-150	80-150	39	
23		芭蕉		160-280	160-280	48	
24		丝兰		40-50	40-50	26	
25		美人蕉		80-100	30-40	60	
26		黄金叶组球		60-80	60-80	6	
27		杜鹃		20-30	20-30	3332株	49株/m²
28		黄金叶		20-30	20-30	2548株	49株/m²
29		小栀子		20-30	20-30	4684株	49株/m²
30		水生植物				3084株	4株/m²
31		沟叶结缕草				15183m²	满铺

工程名称	龙水湖景观工程		工号	L
			图别	
图名	苗木表		图号	02

设计		注册师	
校对		审核	
工种负责		核定	

图17-2　苗木表

（3）以学习小组为单位进行某园林工程项目方案图到施工图的设计转化，完成种植施工图设计分析报告。

（4）根据施工图设计分析报告，完成某园林工程项目种植施工图的绘制。

五、设计技术要领分析

（一）种植施工图设计说明范例

1. 种植说明

绿地内应回填含腐殖质较高的砂性耕作土，切忌回填建筑渣土。凡穿越绿地的管线，如遇植乔木处，应埋深 1.5 m 以下，以保证管线安全，并有利于栽种和植物生长。

色叶花灌木采用密集性种植方式。为达到最佳植物景观效果，乔木种植位置和数量可根据实地空间景观效果，在现场定位、放样。

植物种植时应讲究艺术性，注重立面构图、色彩搭配。为尽快达到设计效果，苗木宜大不宜小，如苗木达不到要求的规格时，应增加苗木数量。对于一时难以采购到的苗木，可用色彩、造型相近的苗木替换。所种苗木尽可能带土球种植，并适当施磷肥，以促进植物根系生长发育。

绿化工程应至少养护管理一年，达到一定的植物景观效果，经由设计部门参与验收合格后，方可交与使用方。

2. 树木栽植主要技术要求

根据设计标高，翻整土地，加填土方，翻土深度应在 30 cm 以上，并清除杂物。平整后的场地不得有低洼积水处。

栽植地宜选择肥沃、疏松、透气、排水良好的栽培土。Ph 值应控制在 6.5～7.5，对喜酸性的树木 Ph 值应控制在 5.0～6.5。

3. 树木质量

乔木、灌木、藤本和草本植物的质量要求如表 17 - 1、表 17 - 2、表 17 - 3、表 17 - 4 所示。

表 17 - 1　乔木的质量要求

种植地点	质量要求			
	树干	树冠	根系	病虫害
广场	主干挺直，细长最低分枝距地面控制在 1.8～2.0 m	树叶茂密、层次清晰、冠形匀称	符合要求，根系发达	无病虫害
道路	主干不应有明显弯曲或按设计要求	冠形匀称无明显损伤	符合要求，根系发达	无病虫害
山坡	主干不应有明显弯曲、细长多干最佳，或按设计要求	冠形无严重损伤	符合要求，根系发达	无病虫害

表 17 - 2　灌木的质量要求

株型	要求
自然式	植株姿态自然优美,丛生灌木分枝不小于 5 根,且生长均匀无病虫害,树龄一般以三年生左右为宜
整形式	冠形宜规则式,根系发达,土壤符合要求,无明显病虫害

表 17 - 3　藤本的质量要求

基径	要求
0.5 cm 以上	枝干已具有攀援性,根系发达,枝叶茂密,无病虫害,树龄一般以二至三年生为宜

表 17 - 4　草本的质量要求

株高	要求
20 cm 以上	株形丰满,同一种类要高矮一致,茎叶健壮,无损坏,无病虫害

(二)种植平面图设计要领

1. 植物施工图绘制顺序

按 11 类顺序进行,栽植乔木、竹类、棕榈类、灌木、绿篱、攀援植物、色带、花卉、水生植物,铺种草皮,喷播植草,且先常绿植物后落叶植物。

2. 植物种植定位

(1)方案图到施工图的转换。根据方案中的种植形式和成景后的规格确定植物数量。

(2)绘制植物图例。

① 乔木:外形呈圆形,针叶树的外围线用锯齿形或斜刺形线,阔叶树的外围线用弧裂形或圆形线。高大乔木冠径按 5~10 m 绘制,中小乔木冠径按 3~7 m 绘制。常绿树木加画 45°细斜线,落叶树木均不填斜线。

② 灌木:株状或云线表达。

其他植物具体见 CJJ/T67 - 2015《风景园林制图标准》。

(3)方格网进行定位。一般画成 100 m×100 m 或者 50 m×50 m 的方格网,对于面积较小的场地可以采用 5 m×5 m 或者 10 m×10 m 的方格网。同总平面定位图。

(4)种类标注。同一种类圆心短线连接,并进行同一序号标注。

(三)苗木表设计要领

1. 序号

同平面图。

2. 植物图例

同平面图。

3. 名称

如有不同规格的同种植物,名称命名为 XXA、XXB。

4. 规格

(1) 栽植乔木。乔木注写干径和高度。干径可以是具体数据也可以是范围,范围一般在 3 cm 之间。常见乔木干径为 2～4 cm、4～6 cm、6～8 cm、8～10 cm、10～12 cm、12～14 cm、14～16 cm、16～18 cm、18～20 cm、20～22 cm、22～24 cm、24～26 cm、26～28 cm、28～30 cm。干径 4～6 cm 的高大约 1.5 m,干径 6～8 cm 的高大约 1.5～2.5 m,干径 8～10 cm 的高大约 2.5～4 m,干径 10 cm 以上的高大约 4 m 以上。干径每增加 2 cm 高增加 0.5～1 m 左右。

(2) 栽植竹类。散生竹类注写干径和高度。干径常为 2～4 cm、4～6 cm、6～8 cm、8～10 cm、10～12 cm、12～14 cm、14～16 cm。丛生竹类注写根盘丛径和高度。丛径常见为 30～40 cm、40～50 cm、50～60 cm、60～70 cm、70～80 cm。

(3) 栽植棕榈类。棕榈类注写干径(参见乔木)和高度(地面至嫩叶基部的高度)。

(4) 栽植灌木。灌木注写高度和径冠。高度常为 20～25 cm、25～30 cm、30～35 cm、35～40 cm、40～60 cm、60～80 cm、80～100 cm、100～120 cm、120～140 cm、140～160 cm、160～180 cm、180～200 cm、200～220 cm、220～240 cm、240～260 cm、260～280 cm、280～300 cm。冠径常为 20～25 cm、25～30 cm、30～35 cm、35～40 cm、40～60 cm、60～80 cm、80～100 cm、100～120 cm、120～140 cm、140～160 cm、160～180 cm、180～200 cm、200～220 cm、220～240 cm、240～260 cm、260～280 cm、280～300 cm。

(5) 栽植绿篱。注写高度。双排常为 30～60 cm、60～100 cm;单排常为 100～160 cm、160～200 cm、200～240 cm。

(6) 栽植攀援植物。注写生长时长。常为三年生、四年生、五年生、六至八年生。

(7) 栽植色带。注写高度,常为 20～25 cm、25～30 cm、30～35 cm、35～40 cm、40～60 cm、60～80 cm、80～100 cm。

(8) 栽植花卉:注写高度,分为 15 cm 以上、15 cm 以下。

(9) 栽植水生植物:注写挺水类、漂浮类、浮水类、沿生类。

(10) 铺种草皮:注明铺种方式,有满铺、散铺、植生带三种。

(11) 喷播植草:注明喷播方式。

5. 数量

(1) 栽植乔木。多少株。

(2) 栽植竹类。多少株(丛)。

(3) 栽植棕榈类。多少株。

(4) 栽植灌木。多少株。

(5) 栽植绿篱。多少米。

(6) 栽植攀援植物。多少株。

(7) 栽植色带。多少平方米。

(8) 栽植花卉。多少平方米。

(9) 栽植水生植物。多少株。

(10) 铺种草皮。多少平方米。

(11) 喷播植草。多少平方米。

6. 备注

(1) 栽植乔木。树形好,无病虫害,分枝点位置。

(2) 栽植竹类。无病虫害,每平方米多少株。

(3) 栽植棕榈类。无病虫害。

(4) 栽植灌木。无病虫害。

(5) 栽植绿篱。无病虫害,备注每米多少株。

(6) 栽植攀援植物。无病虫害。

(7) 栽植色带。无病虫害,备注每平方米多少株。

(8) 栽植花卉。无病虫害,备注每平方米多少株。

(9) 栽植水生植物。无病虫害。

(10) 铺种草皮。无病虫害。

(11) 喷播植草。无病虫害,备注每平方米多少克。

实际工作中也可以不写"无病虫害",因为这是基本规定。

以上具体规范参见 CJJ/T67　2015《风景园林制图标准》。

六、实训作业

(1) 以学习小组为单位进行某园林工程项目方案图到施工图的设计转化,按照设计要领,完成种植施工图(种植施工图设计说明、种植平面图、苗木表)设计分析报告一份;

园林工程种植施工图设计分析报告提纲:

① 植物图例详解。

② 植物定位详解。

③ 植物规格详解。

④ 植物数量详解。

(2) 根据施工图设计分析报告、CJJ/T67－2015《风景园林制图标准》,完成某园林工程项目的种植施工图(种植施工图设计说明、种植平面图、苗木表)的绘制。

实训十八
种植施工

实训学时：6 学时

实训类型：应用型

实训要求：必修

 一、实训目的

（1）理解大树移植的工序。

（2）掌握大树移植的技术要领。

 二、实训内容

（1）分析大树移植的工序。

（2）进行大树的移植。

 三、实训器材

施工图纸、测量放线仪器、大树移植工具。

四、实训步骤

（1）分析种植施工的工序：大树移植前的技术处理→树体起掘→装运→栽植→假植→种植后养护管理。

（2）模拟工序按照技术要领（参见"五、技术要领分析"）进行某项目大树移植，并完成大树移植方案。

五、技术要领分析

（一）大树移植前的技术处理

为提高大树移植的成活率,可在移植前采取适当的技术措施,以促进树木吸收根系的增生,同时可为其后的移植施工提供方便。

1. 断根处理

大树移植成功与否,很大程度上决定于所带土球中的吸收根数量和质量。为此,在移植大树前采取断根缩坨(回根、切根)的措施,使主要的吸收根系回缩到主干根基附近,可以有效缩小土球体积,减轻土球重量,便于移植。在大树移植前的1～3年分期切断树体的部分根系,以促进吸收须根的生长,缩小日后根坨挖掘范围,使树体在移植时能形成大量可带走的吸收根。这是提高大树移植成活率的关键技术,特别适用于移植实生大树或具有较高观赏价值的珍稀名贵树木。

具体做法为:在移植前1～3年的春季或秋季,以树干为中心,以3～4倍胸径尺寸为半径画圆或成方形,分年度在相对的方向挖沟(宽30～40 cm、深60～80 cm)(见图18-1)。挖掘时如遇较粗的根,用锋利的修枝剪或手锯切断,使之与沟的内壁齐平。如遇直径5 cm以上的粗根,为防止大树倒伏,一般不予切断,而于土球外壁处行环状剥皮(宽约10 cm)后保留,并在切口涂抹0.1%的生长素(萘乙酸等),以利于促发新根。其后用拌和有肥料的泥土填入并夯实,定期浇水,到翌年的春季或秋季再按照上述操作分批挖掘其余的沟段。正常情况下经2～3年,环沟中长满须根后即可起挖移植。在气温较高的南方(如广州等地),有时为突击移植,在第一次断根数月后即起挖移植。通常以距地面20～40 cm处,以树干周长为半径挖环状沟(深60～80 cm),沟内填稻草、园土至满后浇水,相应修剪树冠,但需保留两段约占1/4的沟段不挖,以便能有足够的根系继续吸收养分、水分,供给树体正常生长。40～50天后新根长出,即可掘树移植。

2. 平衡修剪

大树移植时因树木的根系损伤严重,因此一般需对树冠进行修剪,以减少枝叶蒸腾,获得树体水分的平衡。修剪强度则根据树种的不同、栽植季节的变化、树体规格的大小、生长立地条件及移植后采取的养护措施与提供的技术保证来决定,同时修剪应尽量保持树木的冠形、姿态。萌芽力强、树龄老、规格大、叶薄稠密的树体可强剪,萌芽力弱的常绿树宜轻剪,落叶树在萌芽前移植尽量不剪。通常在保持树冠基本外形的基础上去掉2～3个主要分枝或修剪1/3枝叶的强度,对在高温季节移植的落叶阔叶树木则需修剪50%～70%的枝叶。目前国内大树移植主要采用的树冠修剪方式有:

(1)全株式。尽量保持树木的原有树冠、树形,原则上只将徒长枝、交叉枝、病虫枝、枯弱枝及过密枝剪除,为目前高水平绿地建设所推崇使用,尤为适于山茶、雪松、水杉等萌芽力弱的常绿树种。

(2)截枝式。只保留到树冠的一级分枝,将其上部截除,多用于广玉兰、香樟、银杏等生长速率和发枝力中等的树种。此法虽可提高移植成活率,但对树形破坏严重,应控制使用。

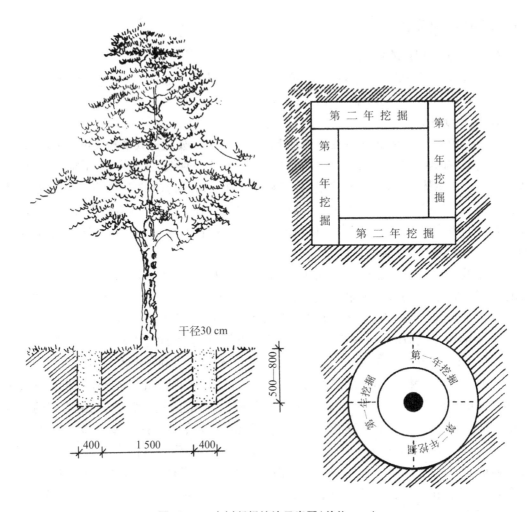

干径30 cm

500～800

400 1 500 400

图 18-1 大树断根缩坨示意图(单位:cm)

(3) 截干式。只保留一定高度的主干,将整个树冠截除。多用于悬铃木、国槐、女贞、栾树等生长速率快、发枝力强的树种。虽然这可以提高移植成活率,但无论从景观上还是植物生理、生态环境上都会带来许多不良后果,目前在园林绿化工程上逐步被放弃使用。

(二) 树体起掘

1. 起掘前的准备

首先,将树干周围 2～3 m 范围内的碎石、瓦砾、灌木地被等障碍物清除干净,将地面大致整平,为顺利起掘提供条件。其后,在起掘前 1～2 天根据土壤干湿情况适当浇水,以防挖掘时土壤过干而导致土球松散。最后,合理安排运输路线,并准备好挖掘工具、包扎材料、吊装机械以及运输车辆等。

2. 起掘和包装

(1) 带土球软材包装。适于移植胸径 15～20 cm 的大树。起掘前,以胸径 6～8 倍为所带土球的直径画圈,沿外缘挖宽 60～80 cm、深 60～80 cm(约为土球直径的 2/3)的沟。挖到要求的土球厚度时,用预先湿润过的草绳采用橘子扎法包扎,亦可用蒲包片、麻袋片等软材网格式包扎。带土球软材包装法简便、低廉,但抗震性能不太理想。实施过断根缩坨处理的大树,填埋沟内新根较多,尤以坨外为盛,起掘时应沿断根沟外侧再放宽 20～30 cm。

(2)带土球方箱包装。适于移植胸径 20～30 cm 以上、土球直径超过 1.4 m 的大树,可确保安全吊运。以树干为中心、树木胸径的 6～10 倍为边长画正方形。沿画线的外缘开沟,沟宽 60～80 cm,沟深与留土台的高度相等,土台规格可达 2.2 m×2.2 m×0.8 m。修平的土台尺寸稍大于边板规格,以保证边板与土台紧密靠实。土台每一侧面都应修成上大下小的倒梯形,一般上下两端相差 10～20 cm。随后用 4 块专制的箱板夹附土台四侧,用钢丝绳或螺栓将箱板紧紧扣住土块,而后将土块底部掏空,附上底板并捆扎牢固(见图 18-2、图 18-3)。

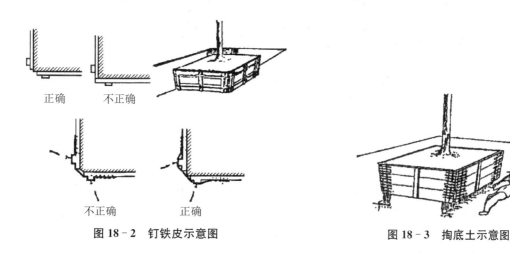

正确　不正确

不正确　正确

图 18-2　钉铁皮示意图

图 18-3　掏底土示意图

(3)裸根软材包扎。一般用于运输距离短的情况。悬铃木、柳树、银杏等落叶乔木可在枝条萌发前进行,香樟、女贞等萌芽力强的常绿树种则需在春季进行。所带根系的挖掘直径一般是树木胸径的 8～12 倍,顺着根系将土挖散敲脱,注意保护好细根;起挖后在裸露的根系空隙里填入湿苔藓等保湿材料,再用湿草袋、蒲包等软材将根部包缚。裸根软材包扎法简便易行,运输和装卸也容易;但对树冠需采用强度修剪,一般仅选留 1～2 级主枝强剪,并加强栽植后的养护管理,方可确保成活。在大树生长地气候适宜、湿度较大或土壤沙性较重,难以保持土球的情况下也可采用。具体做法是:在用起重机吊住树干的同时挖根掘树,逐渐暴露全部根系;挖掘结束后,随即覆盖暴露的根系,并不断往根系上喷洒水分,以避免根系干燥。有条件时,可使用生根粉或保水剂,以提高移植成活率。

(三)装运

大树装运前,应先计算土球重量,以确定起吊机械和运输车辆的功率。

大树移植时,应掌握正确的吊装、运输方法,以免损伤树皮和松散土球。吊绳应直接

图 18 - 4　大树吊装示意图

套住土球底部,亦可一端吊住树干重心处。具体操作为:准备一根长度为土球周长4倍以上的粗麻绳或钢缆绳(用阔幅尼龙带对土球的勒伤较小),交叉穿过土球底部,拉紧,将两个绳头系在对折处,用吊车挂钩拉紧后起吊上车。装车前拢冠,以利安全;装车时将土球靠近车头厢板,树冠搁置在车尾厢板上,使土球成倾斜状,用木楔塞牢;上车后将树体固定在车厢中,不致在运输路程中产生摇晃、碰撞(见图 18 - 4、图 18 - 5)。

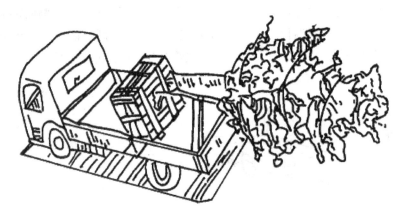

图 18 - 5　方箱包大树装车

(四)栽植

大树移植要掌握"随挖、随包、随运、随栽"的原则。移植前应根据设计要求定点、定树、定位。栽植穴应比土球直径大40～50 cm,比方箱尺寸大50～60 cm,并更换适于树木根系生长的腐殖土或培养土。吊装入穴与一般树木的栽植要求相同,但应考虑树木在原生长地的朝向,并将树冠最丰满面朝向主观赏方向。栽植深度以土球或土台表层高于地表20～30 cm为标准,特别是雪松等不耐水湿的树种宜采用浅穴堆土栽植,即土球高度的1/3～2/3露出土面,然后围球堆土呈丘状,有利于根系伤口的愈合和新根的萌发。树木栽植入穴后,草绳、蒲包等软扎材料也应尽量拆除。填土时每20～30 cm即夯实一次,但应注意不得损伤土球。栽植完毕后,在树穴外缘筑一个高30 cm的围堰,浇透定植水(见图 18 - 6)。

目前国外多数园林公司拥有高效、方便的各类专用大树移植机械,可以完成挖穴、起树、运输、栽植、浇水等全部或部分作业。在近距离大树移植时,一般采用两台机械同时作业,一台带土球挖掘大树并搬运到移植地点,另一台挖坑并把挖起的土壤填回大树挖掘后的空穴。虽然一次性投入高,但移栽成活率高、工作效率高,并可减轻工人劳动强度,提高作业安全性,在城市绿地建设中值得推广。

(五)假植

如有特殊原因不能及时定植,需进行假植。目前我国有些大苗木商通常采用大树集

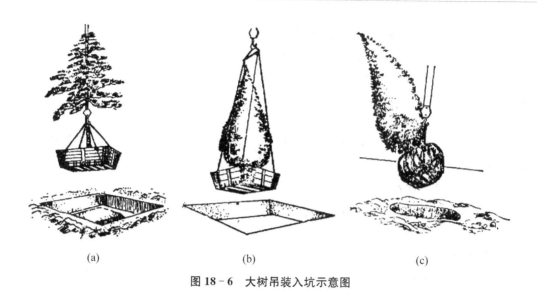

(a)　　　　　　　　　　　　(b)　　　　　　　　　　　　(c)

图 18 - 6　大树吊装入坑示意图

中假植囤积的方法,以获取更大的经济效益。大树假植多采用露球围囤的方法,内填疏松、肥沃的基质,既便于操作,又利于发根。围囤材料可以是砖、木或塑料板材,可根据假植时间和材料来源而定。

(六) 种植后养护管理

1. 支撑

栽植后应立即支撑固定,预防树木歪斜。正三角撑最有利于树体固定,支撑点高度在树体 2/3 处为好,支柱根部应插入土中 50 cm 以上方能固着稳定。井字四角撑具有较好的景观效果,也是经常使用的支撑方法。

2. 裹干

为防止树体水分蒸腾过大,可用草绳等具有一定保湿、保温性能的软材将树干全部包裹或至一级分枝处。裹干处理一可避免强光直射和干风吹袭,减少树体枝干的水分蒸腾;二可存储一定量的水分,使枝干保持湿润;三可调节枝干温度,减少高、低温对树干的损伤,并可减少树木的蒸腾。薄膜裹干在树体休眠阶段使用效果较好,但在树体萌芽前应及时解除。薄膜透气性能差,不利于被裹枝干的呼吸作用,尤其是高温季节内部热量难以及时散发,会对树体枝干造成灼伤。每天早晚对树冠喷水一次,喷水时只要叶片和草绳湿润即可。水滴要细,喷水时间不可过长,以免造成根际土壤过湿,而影响根系呼吸及新根再生。

3. 搭棚遮阳

生长季移植应搭建荫棚,防止树冠经受过于强烈的日晒影响,减弱树体蒸腾强度。全冠搭建时,要求荫棚上方及四周与树冠间保持 50 cm 的间距,利于棚内空气流通,防止树冠日灼危害;特别是在成行、成片较大移植密度时,宜搭建大棚,让树体接受一定的散射光,以保证光合作用的正常进行。

4. 树盘处理

定植水采取小水浸灌方法,第一次浇透定植水后,间隔 2～3 天浇第二次水,隔一周后浇第三次水。浇完第三次水后即可撤除浇水围堰,并将土壤堆积到树下呈小丘状,以免根际积水。也可在根际周围种植马蹄金、白三叶、红花酢浆草等地被植物,或铺上一层石子,既美观又可藏少地面蒸发。在人流比较集中或其他易受人为、禽畜损坏的区域,要设置围栏等加以保护。

5. 水肥

新移植大树根系吸水功能减弱,对土壤水分需求量较小,只要保持土壤适当湿润即可。为此,一方面要严格控制土壤浇水量,视天气情况、土壤质地谨慎浇水,但夏季必须保证每 10～15 天浇一次水;另一方面,要防止树池积水,在地势低洼易积水处要开排水沟,保证雨天能及时排水。结合树冠水分管理,每隔 20～30 天用尿素 100 mg/L＋磷酸二氢钾 150 mg/L 喷洒叶面,有利于维持树体养分平衡。

6. 树体防护

新植大树的枝梢萌发迟,根系活动弱,养分积累少,组织发育不充实,易受低温危害。首先,入秋后要控制氮肥,增施磷、钾肥,并逐步撤除荫棚,增强光照,以提高枝干的木质化程度,增强其自身的抗寒能力。再有,在入冬寒潮来临之前做好树体保温工作,可采取覆土、裹干、设立风障等方法加以保护。

六、实训作业

以学习小组为单位根据实训十七设计的施工图完成种植施工,并编制大树移植方案。

大树移植方案提纲:

(1)项目概况。

(2)施工准备工作。

(3)施工方法。

(4)施工进度计划。

(5)合理化建议。

［1］朱敏,张媛媛.园林工程[M].上海：上海交通大学出版社,2012.

［2］易军.园林硬质景观工程设计[M].北京：科学出版社,2010.

［3］易军.园林硬质景观工程设计图册[M].北京：科学出版社,2010.

［4］张建林.园林工程[M].北京：中国农业出版社,2002.

［5］谭永中.园林工程[M].重庆：西南师范大学出版社,2014.

［6］赵飞鹤.园林建筑小品及构造[M].上海：上海科学技术出版社,2014.

［7］卢仁,金承藻.园林建筑设计[M].北京：中国林业出版社,1991.

［8］韩琳.水景设计与施工必读[M].天津：天津大学出版社,2012.

［9］刘祖文.水景与水景工程[M].哈尔滨：哈尔滨工业大学出版社,2010.

［10］朱志红.假山工程[M].北京：中国建筑工业出版社,2010.

［11］吴泽民,何小弟.园林树木栽培学[M].北京：中国农业出版社,2009.

［12］叶要妹,包满珠.园林树木栽培养护学[M].北京：中国林业出版社,2012.